北京市高等教育精品教材立项项目

建筑材料检测实训指导

谭　平　主　编

王海云　副主编

U0224356

中国建材工业出版社

图书在版编目（CIP）数据

建筑材料检测实训指导/谭平主编 . —北京：中国建材
工业出版社，2008.8（2017.7 重印）
ISBN 978-7-80227-439-6

Ⅰ. 建… Ⅱ. 谭… Ⅲ. 建筑材料 Ⅳ. TU5

中国版本图书馆 CIP 数据核字（2008）第 101996 号

内 容 简 介

本书是北京高等教育精品教材建设立项项目。该书以全国建筑工业技术专业教学指导委员会提供的培养方案为基本依据，根据现行最新的国家及部颁标准、规范编写。

全书详细介绍了建筑材料性能检测的基本要求、基本技能和材料检测的标准、方法和步骤以及在检测过程中所使用的仪器设备调整、操作，在每种建筑材料性能检测之后都附有实训报告，在每章后面附录了相关的标准规范，方便学习者实际操作，更适合教学使用。

本书适合高校土木专业、道桥专业、建材专业、设备专业的师生使用，也适合施工企业、建材生产企业的试验检测人员阅读。

建筑材料检测实训指导

谭 平 主编　王海云　副主编

出版发行：中国建材工业出版社

地　　址：北京市海淀区三里河路 1 号
邮　　编：100044
经　　销：全国各地新华书店
印　　刷：北京鑫正大印刷有限公司
开　　本：787mm×1092mm　1/16
印　　张：13.25
字　　数：321 千字
版　　次：2008 年 8 月第 1 版
印　　次：2017 年 7 月第 4 次
书　　号：ISBN 978-7-80227-439-6
定　　价：37.00 元

本社网址：www.jccbs.com.cn
本书如出现印装质量问题，由我社发行部负责调换。联系电话：（010）88386906

前　言

随着我国职业教育的蓬勃发展，国家对职业教育的重视达到前所未有的高度。在今年的政府工作报告中，提出今后教育布局是普及和巩固义务教育，加快发展职业教育创新人才培养模式，培养大批熟练掌握操作技能、能够解决技术和工艺难题的高技能人才。

《建筑材料检测实训指导》以全国建筑工程技术专业教学指导委员会提供的培养方案为基本依据，根据现行最新的国家（部颁）标准以及其他相关的规范、资料编写而成。全书包括建筑材料基本性质检测、水泥性能检测、混凝土用骨料性能检测、混凝土性能检测、砌筑砂浆性能检测、砌墙砖性能检测、建筑钢材性能检测、防水材料性能检测、木材性能检测、建筑外门窗性能检测等内容。全书详细介绍了建筑材料性能检测的基本要求、基本技能和材料检测的标准、方法和步骤以及在检测过程中所使用的仪器设备的调整、操作。在每种建筑材料性能检测之后都附带了实训报告，为学习者更好地进行实际操作提供了方便。

本书是北京市教育委员会2007年北京高等教育精品教材建设立项项目，由北京京北职业技术学院谭平同志主编，北京怀信建材检验有限责任公司王海云同志任副主编，北京京北职业技术学院邹艳、徐艳华、林素菊、房红淼同志和北京怀信建材检验有限责任公司李连芳同志参与编写。

本书在编写过程中，得到了北京京北职业技术学院院长袁宝旺、副院长滕利君的大力支持与亲切指导，也得到了北京京北职业技术学院教务处、建筑工程系、实训中心等部门人员和北京怀信建材检验有限责任公司的热心帮助，在此表示由衷地感谢。

本书旨在为广大建筑材料学习与工作人员提供常用建筑材料检测与实训报告填写模式，由于编者水平有限，难免有疏漏和错误之处，诚请广大读者批评指正。

编　者
2008 年 6 月

目　　录

第一章　建筑材料性能检测基础

建筑材料是建筑工程的物质基础，与建筑设计、建筑结构、建筑经济及建筑施工一样，是建筑工程极为重要的组成部分。而建筑材料性能检测是评定建筑材料等级，了解材料性能的重要手段。

本章对有关建筑材料检测基本技能、建筑材料的技术标准、试验数据统计分析与处理、国家法定计量单位、试验室管理常识进行了较为全面、综合的介绍。

第一节　建筑材料检测基本技能

在材料试验过程中，首先需采集具有代表性的试样，由此用到了有关抽样检验的知识；其次必须对材料检测后所获得的数据进行处理，由于所获得的数据必定含有误差，需要对试验数据进行修约，所以有必要学习有关数字修约规则、数据的表示及处理方法等方面的知识；最后尚需对试验结果进行评定，需用到有关数据的统计特征与分布规律方面的知识。在试验实训操作中需要了解一些试验室工作的基本常识。

一、建筑材料检测目的

建筑材料的品种繁多，其质量、性能的好坏将直接影响工程质量，所以有必要对建筑材料进行检测。建筑材料检测是根据有关标准、规范的要求，采用科学合理的检测手段，对建筑材料的性能参数进行检验和测定的过程。

建筑材料大致可分为原材料和混合料两大类。原材料有砂石材料如砂、碎石，胶结材料如水泥、石灰、沥青，还有钢材和木材等。混合料有混凝土和砂浆、沥青混合料等。为了保证工程质量，必须从原材料开始，对其质量进行控制。因此，建筑材料检测包括了对原材料的质量检测和对混合料性能的检测。其目的是判定材料的各项性能是否符合质量等级的要求以及是否可以用于工程中。

二、建筑材料检测的步骤

建筑材料检测的步骤主要包括：见证取样、送样和试验室检测两个步骤。

见证取样和送样是指在建设单位或工程监理单位人员的见证下，由施工单位的现场试验人员对工程中涉及结构安全的试块、试件和材料进行现场取样，并送至经过省级以上建设行政主管部门对其资质认可和质量技术监督部门对其计量认证的质量检测单位进行检测。各种材料的抽样需按有关标准进行，所抽取的试样必须具有代表性。

试验室检测是由具有相应资质等级的质量检测机构进行检测。参与建筑材料检测的人员必须持有相关的资质证书，必须具有科学的态度，不得修改试验原始数据，不得假设试验数据。试验报告必须进行审核，并有相关人员的签字和检测单位的盖章才有效。试验的依据为现行的有关技术标准和规范。

三、取样送样见证人制度

1. 见证取样送样的范围

（1）结构的混凝土试块；

（2）承重块墙体的砌筑砂浆试块；

（3）用于承重结构的钢筋及连接接头试件；

（4）用于承重墙的砖和混凝土小型砌块；

（5）用于拌制混凝土和砌筑砂浆的水泥；

（6）用于承重结构的混凝土中使用的掺加剂；

（7）地下、屋面、厕浴间使用的防水材料；

（8）国家规定必须实行见证取样和送检的其他试块、试件和材料。

2. 见证取样的管理

（1）建设单位应向工程质量安全监督和工程检测中心递交"见证单位和见证人员授权书"，授权书应写明本工程现场委托的见证人姓名，以便于工程安全监督站、检测单位检查核对。

（2）施工企业取样人员在现场进行原材料取样和试块制作时，见证人员应在旁见证。

（3）见证人员应对试样进行监护，并和施工企业取样人员一起将试样送到检测单位或采取有效封样措施送到检测单位。

（4）检测单位接受委托检测任务时，送检单位需填写委托单，见证人在委托单上签名。各检测机构对无见证人签名委托单及无见证人伴送的试件一律拒收；凡无注明见证单位和见证人的报告，不得作为质量保证资料和竣工验收资料。并由质量安全监督站重新指定法定检测单位重新检测。

3. 见证人员的基本要求

见证人员必须具备以下资格：

（1）见证人应是本工程建设单位的监理人员；

（2）必须具备初级以上技术职称或具有建筑施工专业知识；

（3）经培训考核合格，取得"见证人员证书"；

（4）必须向质监站和检测单位递交见证人书面授权书；

（5）见证人员的基本情况由检测部门备案，见证人员证书每隔五年换一次。

4. 见证人员职责

（1）取样时，见证人员必须在场进行见证；

（2）见证人员必须对试样进行监护；

（3）见证人员必须和施工人员一起将试样送至检测单位；

（4）见证人员必须在检验委托单上签字，并出示"见证人员证书"；

（5）见证人员必须对试样的代表性和真实性负责。

四、检测技术

1. 取样

在进行试验之前首先要选取试样，试样必须具有代表性。取样原则为随机抽样，即在若干堆（捆、包）材料中，对任意堆放材料随机抽取试样。取样方法视材料而定。

样品抽取后应将试样从施工现场送至有检测资格的工程质量检测单位进行检验，从抽取样品到送至检测单位检测的过程是工程质量检测管理中的第一步，强化这个过程的监督管理是杜绝因试件弄虚作假而出现试件合格而工程实体质量不合格的现象的基本保证。实践表明，对建筑工程质量检测工作实行见证取样制度是解决工程质量"两层皮"现象的成功办法。

2. 仪器的选择

试验中有时需要称取试件或试样的质量，称量时要求具有一定的精确度，如试样称量精确度要求为 0.1g，则应选用感量为 0.1g 的天平，一般称量精度大致为试样质量的 0.1%。另外测量试件的尺寸，同样有精度要求，一般对边长大于 50mm 的，精度可取 1mm；对边长小于 50mm 的，精度可取 0.1mm。对试验机吨位的选择，根据试件荷载吨位的大小，应使指针停在试验机度盘的第二、三象限内为好。

3. 试验

试验前一般应将取得的试样进行处理、加工或成型，以制备满足试验要求的试样或试件。制备方法随试验项目而异，应严格按照各个试验所规定的方法进行。

4. 结果计算与评定

对各次试验结果进行数据处理，一般取 n 次平行试验结果的算术平均值作为试验结果。试验结果应满足精确度与有效数字的要求。

试验结果经计算处理后，应给予评定是否满足标准要求，评定其等级，在某种情况下还应对试验结果进行分析，并得出结论。

五、试验条件

同一材料在不同的试验条件下，会得出不同的试验结果。如试验时的温度、湿度、加荷速度、试件制作情况等都会影响试验数据的准确性。

1. 温度

试验时的温度对某些试验结果影响很大，在常温下进行试验，对一般材料来说影响不大，但是如果材料对温度变化比较敏感，则必须严格控制温度。例如：石油沥青的针入度、延度试验，一定要控制在 25℃ 的恒温水浴中进行。通常材料的强度也会随试验时的温度的升高而降低。

2. 湿度

试验时试件的湿度也明显影响试验数据，试件的湿重越大，测得的强度越低。在物理性能检测中，材料的干湿程度对试验结果的影响就更为明显了。因此，在试验时试件的湿度应控制在规定的范围内。

3. 试件尺寸与受荷面平整度

当试件受压时，同一材料小试件强度比大试件强度要高；相同受压面积之试件，高度大的比高度小的检测强度要小。因此，对不同材料的试件尺寸大小都有规定。

试件受荷面的平整度也大大影响着检测强度，如受荷面粗糙不平整，会引起应力集中而使强度大为降低。在混凝土强度检测中，不平整度达到 0.25mm 时，强度可降低 1/3。上凸比下凹引起应力集中更甚，强度下降更大。所以受荷面必须平整，如成型面受压，必须用适当强度的材料找平。

4. 加荷速度

施加于试件的加荷速度对强度试验结果有较大影响，加荷速度越慢，测得的强度越低，这是由于应变有足够的时间发展，应力还不大时变形已达到极限应变，试件即被破坏。因此，对各种材料的力学性能检测，都有加荷速度的规定。

六、试验报告

试验的主要内容都应在试验报告中反映，试验报告的形式可以不尽相同。

1. 试验报告的内容

（1）试验名称、内容；

（2）目的与原理；

（3）试样编号、检测数据与计算结果；

（4）结果评定与分析；

（5）试验条件与日期；

（6）试验、校核、技术负责人。

2. 工程质量检测报告的内容

（1）委托单位；

（2）委托日期；

（3）报告日期；

（4）样品编号；

（5）工程名称；

（6）样品产地和名称；

（7）规格及代表数量；

（8）检测条件；

（9）检测依据；

（10）检测项目；

（11）检测结果；

（12）结论。

试验报告是经过数据整理、计算、编制的结果，而不是原始记录，也不是计算过程的罗列，经过整理计算后的数据可用图、表等表示，达到一目了然。为了编写出符合要求的试验报告，在整个试验过程中必须认真做好有关现象及原始数据的记录，以便于分析、评定检测结果。

七、检测人员的基本素质

在建筑工程中，对建筑材料性能进行检测，不仅是评定和控制建筑材料质量、施工质量的手段和依据，而且也是推进科技进步、合理选择使用建筑材料、降低生产成本、提高企业经济效益的有效途径，更重要的在于它是保证建筑工程质量的基本前提。因此，对建筑材料性能进行检测，必须本着严肃、认真、负责的原则，严格按照规章制度办事。

从事建筑材料性能检测的人员必须具备的基本素质：

（1）参与建筑材料检测的人员必须有相关的资质证书才能上岗；

（2）检测人员必须切实执行工程产品的有关标准、试验方法及有关规定；

（3）检测人员必须具有科学的态度，不得私自修改试验原始数据，不得假设试验数据，尊重科学，尊重事实，对出具的检测报告的科学性、准确性负责；

（4）坚决杜绝检测工作中不负责任、敷衍了事，不按有关标准、规程进行试验操作等行为。

为保证达到上述目的，学生在学习中必须做到：

（1）试验前做好预习，明确试验目的、基本原理及操作要点，并应对试验所用的仪器、材料有基本的了解。理论来源于实践，并对实践起指导作用。通过实验我们可以对有关建筑材料的基本理论和基本知识有更深更广的了解和掌握，加深印象，增强记忆。实验的学习和研究离不开仪器设备，通过实验也可以对所用仪器设备的性能、原理及应用有进一步的了解和掌握，同时也将大大提高动手能力，为以后从事实际工作打下良好基础。

（2）在试验的整个过程中要建立严密的科学工作程序，严格遵守试验操作规程，注意观察现象，详细做好试验记录。科学是严肃认真的，来不得半点虚伪。培养和树立端正的学习和工作态度是高等教育的重要内容和任务。试验是一个复杂的过程，通过试验不但可以培养正确的科学观点和方法，还可以提高独立分析和解决问题的能力。

（3）对试验结果进行综合分析，做好试验报告。

在进行建筑材料试验时，应注意三个方面的技术问题：一是抽样技术，即要求所用试样应具有代表性；二是检测技术，包括仪器的选择、试件的制备、检测条件及方法的选择确定；三是试验数据的整理方法。材料的质量指标和试验所得的数据是有条件的、相对的，是与选择、检测和数据处理密切相关的。其中任何一项改变时，试验结果将随之发生或大或小的变化。因此，检验材料质量、划分等级时，上述三个方面均需按照国家规定的标准方法或通用的方法执行。否则，就不能根据有关规定对材料质量进行评定，或相互之间进行比较。

第二节　建筑材料的技术标准

建筑材料技术标准或规范主要是对产品与工程建设的质量、规格及其检测方法等所作的技术规定，是从事生产、建设、科学研究工作与商品流通的一种共同的技术依据。

1. 技术标准的分类

技术标准按通常分类可分为基础标准、产品标准、方法标准等。

基础标准：指在一定范围内作为其他标准的基础，并普遍使用的具有广泛指导意义的标准。如《水泥的命名、定义和术语》、《砖和砌块名词术语》等。

产品标准：是衡量产品质量好坏的技术依据。如《通用硅酸盐水泥》（GB 175—2007）、《钢筋混凝土用钢　第 2 部分：热轧带肋钢筋》（GB 1499.2—2007）等。

方法标准：是指以试验、检查、分析、抽样、统计、计算、测定作业等各种方法为对象制定的标准。如《水泥胶砂强度检验方法》、《水泥取样方法》等。

2. 技术标准的等级

建筑材料的技术标准根据发布单位与适用范围，分为国家标准、行业标准（含协会标准）、地方标准和企业标准四级。各级标准分别由相应的标准化管理部门批准并颁布。我国国家质量监督检验检疫总局是国家标准化管理的最高机关。国家标准和部门行业标准都是全国通用标准。国家标准、行业标准分为强制性标准和推荐标准。省、自治区、直辖市有关部门制定的工业产品的安全、卫生要求等地方标准在本行政区域内是强制性标准。企业生产的产品没有国家标准、行业标准和地方标准的，企业应制定相应的企业标准作为组织生产的依据。企业标准由企业组织制定，并报请有关主管部门审查备案。鼓励企业制定各项技术指标均严于国家、行业、地方标准的企业标准在企业内使用。

3. 技术标准的代号与编号

各级标准都有各自的部门代号，例如：

GB——中华人民共和国国家标准。

GBJ——国家工程建设标准。

GB/T——中华人民共和国推荐性国家标准。

ZB——中华人民共和国专业标准。

ZB/T——中华人民共和国推荐性专业标准。

JC——中华人民共和国建材行业标准。

JC/T——中华人民共和国建材行业推荐性标准。

JGJ——中华人民共和国建筑工程行业标准。

YB——中华人民共和国冶金行业标准。

SL——中华人民共和国水利行业标准。

JTJ——中华人民共和国交通行业标准。

CECS——中国工程建设标准化协会标准。

JJG——国家计量局计量检定规程。

DB——地方标准。

Q/××——××企业标准。

标准的表示方法，系由标准名称、部门代号、编号和批准年份等组成的。例如：国家推荐性标准《水泥比表面积测定方法（勃氏法）》（GB/T 8074—2008）标准的部门代号为GB/T，编号为8074，批准年份2008年。建材行业标准《粉煤灰小型空心砌块》（JC 862—2000）的部门代号为JC，编号为862，批准年份为2000年。

各个国家均有自己的国家标准，例如"ASTM"代表美国国家标准、"JIS"代表日本国家标准、"BS"代表英国国家标准、"STAS"代表罗马尼亚国家标准、"MSZ"代表匈牙利国家标准等。另外，在世界范围内统一执行的标准为国际标准，其代号为"ISO"。我国是国际标准化协会成员国，当前我国各项技术标准都正在向国际标准靠拢，以便于科学技术的交流与提高。

第三节　试验数据统计分析与处理

建筑施工中，要对大量的原材料和半成品进行试验，取得大量数据，对这些数据进行科学的分析，能更好地评价原材料或工程质量，提出改进工程质量、节约原材料的意见。现简要介绍常用的数据统计方法。

一、平均值

1. 算术平均值

这是最常用的一种方法，用来了解一批数据的平均水平，度量这些数据的中间位置。

$$\bar{X} = \frac{X_1 + X_2 + \cdots + X_n}{n} = \frac{\sum X}{n} \tag{1-1}$$

式中　　　　　　$\bar{X}$——算术平均值；

X_1，X_2，$\cdots$，X_n——n个试验数据值；

$\sum X$——各试验数据值的总和；

n——试验数据个数。

2. 均方根平均值

均方根平均值对数据大小跳动反映较为灵敏，计算公式如下：

$$S = \sqrt{\frac{X_1^2 + X_2^2 + \cdots + X_n^2}{n}} = \sqrt{\frac{\sum X^2}{n}} \tag{1-2}$$

式中　　　　　　S——各试验数据的均方根平均值；

X_1，X_2，$\cdots$，X_n——n个试验数据值；

$\sum X^2$——各试验数据值平方的总和；

n——试验数据个数。

3. 加权平均值

加权平均值是各个试验数据和它的对应数的算术平均值。如计算水泥平均强度采用加权平均值。计算公式如下：

$$m = \frac{X_1 g_1 + X_2 g_2 + \cdots + X_n g_n}{g_1 + g_2 + \cdots + g_n} = \frac{\sum Xg}{\sum g} \tag{1-3}$$

式中　　　　　m——加权平均值；

X_1，X_2，$\cdots$，X_n——n 个试验数据值；

g_1，g_2，$\cdots$，g_n——试验数据的对应数；

$\sum Xg$——各试验数据值和它的对应数乘积的总和；

$\sum g$——各对应数的总和。

二、误差计算

1. 范围误差

范围误差也叫极差，是试验值中最大值和最小值之差。例如：3 块砂浆试件抗压强度分别为 5.21MPa、5.63MPa、5.72MPa，则这组试件的极差或范围误差为 5.72 - 5.21 = 0.51（MPa）。

2. 算术平均误差

算术平均误差的计算公式为：

$$\delta = \frac{\left| X_1 - \bar{X} \right| + \left| X_2 - \bar{X} \right| + \cdots + \left| X_n - \bar{X} \right|}{n} = \frac{\sum \left| X - \bar{X} \right|}{n} \tag{1-4}$$

式中　　　　　δ——算术平均误差；

X_1，X_2，$\cdots$，X_n——n 个试验数据值；

$\bar{X}$——试验数据值的算术平均值；

n——试验数据个数。

3. 标准差（均方根差）

只知试件的平均水平是不够的，要了解数据的波动情况及其带来的危险性，标准差（均方根差）是衡量波动性（离散性大小）的指标。标准差的计算公式为：

$$S = \sqrt{\frac{(X_1 - \bar{X})^2 + (X_2 - \bar{X})^2 + \cdots + (X_n - \bar{X})^2}{n - 1}} = \sqrt{\frac{\sum (X - \bar{X})^2}{n - 1}} \tag{1-5}$$

式中　　　　　S——标准差（均方根差）；

X_1，X_2，$\cdots$，X_n——n 个试验数据值；

$\bar{X}$——试验数据值的算术平均值；

n——试验数据个数。

4. 极差估计法

极差是表示数据离散的范围，也可用来度量数据的离散性。极差是数据中最大值和最小值之差：

$$W = X_{max} - X_{min} \tag{1-6}$$

式中 W——极差；

    X_{max}——试验数据最大值；

    X_{min}——试验数据最小值。

当一批数据不多时（$n \leqslant 10$），可用极差法估计总体标准离差：

$$\hat{\sigma} = \frac{1}{d_n} W \tag{1-7}$$

式中 $\hat{\sigma}$——标准差的估计值；

    d_n——与 n 有关的系数，见表1-1。

表1-1 极差估计法 d_n 系数表

n	1	2	3	4	5	6	7	8	9	10
d_n	—	1.128	1.693	2.059	2.326	2.534	2.704	2.847	2.970	0.378
$1/d_n$	—	0.886	0.591	0.486	0.429	0.395	0.369	0.351	0.337	0.325

当一批数据很多时（$n > 10$），要将数据随机分成若干个数量相等的组，对每组求极差，并计算平均值：

$$\overline{W} = \frac{\sum_{i=1}^{m} W_i}{m} \tag{1-8}$$

式中 $\overline{W}$——各组极差的平均值；

    m——数据分组的组数。

则标准差的估计值近似地用式（1-7）计算。

极差估计法主要出于计算方便，但反映实际情况的精确度较差。

三、变异系数

标准差是表示绝对波动大小的指标，当测量较大的量值，绝对误差一般较大；测量较小的量值，绝对误差一般较小。因此要考虑相对波动的大小，即用平均值的百分率来表示标准差，即变异系数。计算式为：

$$C_V = \frac{S}{\overline{X}} \times 100\% \tag{1-9}$$

式中 C_V——变异系数，%；

    S——标准差；

    $\overline{X}$——试验数据的算术平均值。

从变异系数可以看出标准偏差不能表示出数据的波动情况。如：

甲、乙两厂均生产32.5级矿渣水泥，甲厂某月生产的水泥28d抗压强度平均值为39.8MPa，标准差为1.68MPa。同月乙厂生产的水泥28d抗压强度平均值为36.2MPa，标准差为 1.62MPa，求两厂的变异系数（C_V）。

甲厂　$C_V = \dfrac{1.68}{39.8} \times 100\% = 4.22\%$

乙厂　$C_V = \dfrac{1.62}{36.2} \times 100\% = 4.48\%$

从标准差看，甲厂大于乙厂。但从变异系数看，甲厂小于乙厂，说明乙厂生产的水泥强度相对跳动要比甲厂大，产品的稳定性较差。

四、可疑数据的取舍

在一组条件完全相同的重复试验中，当发现有某个过大或过小的可疑数据时，应按数理统计方法给以鉴别并决定取舍。常用方法有三倍标准差法和格拉布斯法。

1. 三倍标准差法

这是美国混凝土标准（ACT 214—65）的修改建议中所采用的方法。它的标准是 $|X_i - \bar{X}| > 3\sigma$ 时不舍弃。另外还规定 $|X_i - \bar{X}| > 2\sigma$ 时则保留，但需存疑，如发现试件制作、养护、试验过程中有可疑的变异时，该试件强度值应予舍弃。

2. 格拉布斯法

格拉布斯法假定测量结果服从正态分布，根据顺序统计量来确定可疑数据的取舍，确定步骤如下：

（1）把试验所得数据从小到大排列：X_1，X_2，$\cdots$，X_n。

（2）选定显著性水平 α（一般 $\alpha = 0.05$），根据 n 及 α 从 $T(n, \alpha)$（表1-2）中求得 T 值。

表1-2　$T(n, \alpha)$ 值

α（%）	当 n 为下列数值时的 T 值							
	3	4	5	6	7	8	9	10
5.0	1.15	1.46	1.67	1.82	1.94	2.03	2.11	2.18
2.5	1.15	1.48	1.71	1.89	2.02	2.13	2.21	2.29
1.0	1.15	1.49	1.75	1.94	2.10	2.22	2.32	2.41

（3）计算统计量 T 值：

设 X_1 为可疑时，则 $T = |\bar{X} - X_1|/S$；

当最大值 X_n 为可疑时，则 $T = (X_n - \bar{X})/S$。

式中　$\bar{X}$——试件平均值，$\bar{X} = \dfrac{1}{n}\sum\limits_{i=1}^{n} X_i$；

X_i——测定值；

n——试件个数；

S——试件标准差，$S = \sqrt{\dfrac{1}{n-1}\sum\limits_{i=1}^{n}(X_i - \bar{X})^2}$。

（4）查表 1-2 中相应于 n 与 α 的 $T(n, \alpha)$ 值。

（5）当计算的统计量 $T \geq T(n, \alpha)$ 时，则假设的可疑数据是对的，应予舍弃。当 $T < T(n, \alpha)$ 时，则不能舍弃。

这样判断犯错误的概率为 $\alpha = 0.05$。相应于 n 及 $\alpha = 1\% \sim 5.0\%$ 的 $T(n, \alpha)$ 值列于表 1-2。

以上两种方法中，三倍标准差法最简单，但要求较宽，几乎绝大部分数据可不舍弃。格拉布斯法适用于标准差不能掌握时的情况。

五、数字修约规则

GB/T 1.1—2000《标准化工作导则 第 1 部分：标准的结构和编写规则》中对数字修约规则做了具体规定。在制订、修订标准中，各种测量值、计算值需要修约时，应按下列规则进行。

（1）在拟舍弃的数字中，保留数后边（右边）第一个数小于 5（不包括 5）时，则舍去。保留数的末位数字不变。

例如，将修约到保留一位小数：

修约前 13.3442，修约后为 13.3。

（2）在拟舍弃的数字中，保留数后边（右边）第一个数大于 5（不包括 5）时，则进一。保留数的末位数字加一。

例如，将 16.5742 修约到保留一位小数：

修约前 16.5742，修约后 16.6。

（3）在拟舍弃的数字中，保留数后边（右边）第一个数等于 5，5 后边的数字并非全部为零时，则进一，即保留数的末位数字加一。

例如，将 2.2502 修约到保留一位小数：

修约前 2.2502，修约后 2.3。

（4）在拟舍弃的数字中，保留数后边（右边）第一个数等于 5，5 后边的数字全部为零时，保留数的末位数字为奇数时则进一，保留数的末位数字为偶数（包括"0"）时则不进。

例如，将下列数字修约到保留一位小数：

修约前 1.4500，修约后 1.4。

修约前 0.5500，修约后 0.6。

修约前 2.3500，修约后 2.4。

（5）所拟舍弃的数字，若为两位以上的数字，不得连续进行多次（包括二次）修约。应根据保留数后边（右边）第一个数字的大小，按上述规定一次修约出结果。

例如，将 23.4546 修约成整数：

正确的修约是：修约前 23.4546，修约后 23。

不正确的修约是：修约前，一次修约、二次修约、三次修约、四次修约（结果）：

23.4546，23.455，23.46，23.5，24。

六、数据的表示方法

检测数据的表示方法通常有表格表示法、图形表示法和数学公式法三种。

1. 表格表示法

表格表示法简称表格法，是工程技术上用得最多的一种数据表示方法之一。通常有两种表格，一种是试验检测数据记录表；一种是试验检测结果差。

表格法反映的数据直接、明确，但也存在着一些缺点，如对试验数据不易进行数学解析，不易看出变量与对应函数间的关系以及变量之间的变化规律。

2. 图形表示法

工程领域中，常把数据绘制成图形，如表示混凝土龄期与抗压强度的关系时，把坐标系中的横坐标设为混凝土龄期，纵坐标设为混凝土的抗压强度，根据不同龄期下的混凝土抗压强度试验数据，可以得到一条曲线，由此可以了解混凝土龄期与抗压强度的变化规律。

但是图形法也有其缺点，如对图形进行解析也相当困难，同时根据图形得到某点所对应的函数值时，往往误差过大。

3. 数学公式法

在处理数据时，常遇到两个变量因素的试验值，可以利用试验数据，找出它们之间的规律，建立两个相关变量因果关系经验公式，作为数据处理的经验公式。

根据一系列测量数据建立经验公式，是这个方法中最基本的问题。建立公式的基本步骤大致为：

（1）以自变量为横坐标，函数量为纵坐标，把试验数据描绘在坐标纸上，再把数据点描绘成曲线。

（2）对绘成的曲线进行分析，确定公式的类型。

（3）将曲线方程变化为直线方程，然后按一元线性方程回归处理。

（4）确定一元线性回归方程中的常数。

（5）检验公式的准确性。将测量数据中的自变量代入公式中，计算其函数值，并与实际测量值比较，如误差较大，说明公式有误，需要重新建立其他形式的公式。

两个变量间最简单的关系是直线关系，其普遍式是：

$$Y = b + aX \tag{1-10}$$

式中　　Y——因变量；

$\quad\quad X$——自变量；

$\quad\quad a$——系数或斜率；

$\quad\quad b$——常数或截距。

通常见到的两个变量间的经验相关公式，大多数是简单的直线关系公式。例如，有关水泥规范中的经验公式：标准稠度用水量 P 与试锥下沉深度 S 之间是简单的直线关系公式，即 $P = 33.4 - 0.185S$。

第四节　国家法定计量单位

一、法定计量单位的构成

《中华人民共和国计量法》（以下简称《计量法》）明确规定，国家实行法定计量单位制度。国家法定计量单位是政府以法令的形式，明确规定要在全国范围内采用的计量单位。国务院于 1984 年 2 月 27 日发布了《关于在我国统一实行法定计量单位的命令》，同时要求逐步废除非国家法定计量单位。这是统一我国单位制和量值的依据。

《计量法》规定："国家采用国际单位制。国际单位制计量单位和国家选定的其他计量单位，为国家法定计量单位。"国际单位制是我国法定计量单位的主体，国际单位制如有变化，我国国家法定计量单位也将随之变化。

实行法定计量单位，对我国国民经济和文化教育事业的发展，推动科学技术的进步和扩大国际交流都有重要意义。

1. 国际单位制计量单位

（1）国际单位制的产生

1960 年第 11 届国际计量大会（CGPM）将一种科学实用的单位制命名为"国际单位制"，并用符号 SI 表示。经多次修订，现已形成了完整的体系。

SI 是在科技发展中产生的。由于结构合理、科学简明、方便实用，适用于众多科技领域和各行各业，可实现世界范围内计量单位的统一，因而得到国际上广泛承认和接受，成为科技、经济、文教、卫生等各界的共同语言。

（2）国际单位制的构成

国际单位制的构成如图 1-1 所示。

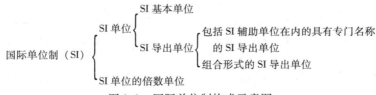

图 1-1　国际单位制构成示意图

（3）SI 基本单位

SI 基本单位是 SI 的基础，其名称和符号见表 1-3。

表 1-3　SI 基本单位

量的名称	单位名称	单位符号
长度	米	m
质量	千克（公斤）	kg
时间	秒	s
电流	安［培］	A
热力学温度	开［尔文］	K
物质的量	摩［尔］	mol
发光强度	坎［德拉］	cd

（4）SI 导出单位

为了读写和实际应用的方便，便于区分某些具有相同量纲和表达式的单位，在历史上出现了一些具有专门名称的导出单位。但是，这样的单位不宜过多，SI 仅选用了 21 个，其专门名称可以合法使用。没有选用的，如电能单位"度"（即千瓦时），光亮度单位"尼特"（即坎德拉每平方米）等名称，就不能再使用了。

包括 SI 辅助单位在内的具有专门名称的 SI 导出单位及由于人类健康安全防护上的需要而确定的具有专门名称的 SI 导出单位如表 1-4、表 1-5 所示。

表 1-4 包括 SI 辅助单位在内的具有专门名称的 SI 导出单位

量的名称	SI 导出单位		
	名称	符号	用 SI 基本单位和 SI 导出单位表示
［平面］角	弧度	rad	$1rad = 1m/m = 1$
立体角	球面度	sr	$1sr = 1m^2/m^2 = 1$
频率	赫［兹］	Hz	$1Hz = 1s^{-1}$
力	牛［顿］	N	$1N = 1kg \cdot m/s^2$
压力，压强，应力	帕［斯卡］	Pa	$1Pa = 1N/m^2$
能［量］，功，热量	焦［耳］	J	$1J = 1N \cdot m$
功率，辐［射能］通量	瓦［特］	W	$1W = 1J/s$
电荷［量］	库［仑］	C	$1C = 1A \cdot s$
电压，电动势，电位，（电势）	伏［特］	V	$1V = 1W/A$
电容	法［拉］	F	$1F = 1C/V$
电阻	欧［姆］	Ω	$1\Omega = 1V/A$
电导	西［门子］	S	$1S = 1\Omega^{-1}$
磁通［量］	韦［伯］	Wb	$1Wb = 1V \cdot s$
磁通［量］密度，磁感应强度	特［斯拉］	T	$1T = 1Wb/m^2$
电感	亨［利］	H	$1H = 1Wb/A$
摄氏温度	摄氏度	℃	$1℃ = 1K$
光通量	流［明］	lm	$1lm = 1cd \cdot sr$
［光］照度	勒［克斯］	lx	$1lx = 1lm/m^2$

表 1-5 由于人类健康安全防护上的需要而确定的具有专门名称的 SI 导出单位

量的名称	SI 导出单位		
	名称	符号	用 SI 基本单位和 SI 导出单位表示
［放射性］活度	贝可［勒尔］	Bq	$1Bq = 1s^{-1}$
吸收剂量 比授［予］能 比释动能	戈［瑞］	Gy	$1Gy = 1J/kg$
剂量当量	希［沃特］	Sv	$1Sv = 1J/kg$

（5）SI 单位的倍数单位

基本单位、具有专门名称的导出单位，以及直接由它们构成的组合形式的导出单位都称之为 SI 单位，它们有主单位的含义。在实际使用时，量值的变化范围很宽，仅用 SI 单位来表示量值是很不方便的。为此，SI 中规定了 20 个构成十进倍数和分数单位的词头和所表示的因数。这些词头不能单独使用，也不能重叠使用，它们仅用于与 SI 单位（kg 除外）构成 SI 单位的十进倍数单位和十进分数单位。需要注意的是：相应于因数 10^3（含 10^3）以下的词头符号必须用小写正体，等于或大于因数 10^6 的词头符号必须用大写正体。从 10^3 到 10^{-3} 是十进位，其余是千进位。详见表 1-6。

表 1-6　用于构成十进倍数和分数单位的词头

因　　数	词头名称		符　　号
	英　　文	中　　文	
10^{24}	yotta	尧［它］	Y
10^{21}	zetta	泽［它］	Z
10^{18}	exa	艾［可萨］	E
10^{15}	peta	拍［它］	P
10^{12}	tera	太［拉］	T
10^9	giga	吉［咖］	G
10^6	mega	兆	M
10^3	kilo	千	k
10^2	hecto	百	h
10^1	deca	十	da
10^{-1}	deci	分	d
10^{-2}	centi	厘	c
10^{-3}	milli	毫	m
10^{-6}	micro	微	μ
10^{-9}	nano	纳［诺］	n
10^{-12}	pico	皮［可］	p
10^{-15}	femto	飞［母托］	f
10^{-18}	atto	阿［托］	a
10^{-21}	zepto	仄［普托］	z
10^{-24}	yocto	幺［科托］	y

SI 单位加上 SI 词头后两者结合为一整体，就不再称为 SI 单位，而称为 SI 单位的倍数单位，或者叫 SI 单位的十进倍数或分数单位。

2. 国家选定的非 SI 单位

尽管 SI 有很大的优越性，但并非十全十美。在日常生活和一些特殊领域，还有一些广泛使用的、重要的非 SI 单位不能废除，尚需继续使用。因此，我国选定了若干非 SI

单位，作为国家法定计量单位，它们具有同等的地位，详见表1-7。

表1-7　国家选定的非国际单位制单位

量的名称	单位名称	单位符号	换算关系和说明
时间	分	min	$1min = 60s$
	［小］时	h	$1h = 60min = 3600s$
	天（日）	d	$1d = 24h = 86400s$
平面角	［角］秒	″	$1″ = (\pi/64800)\ rad$
	［角］分	′	$1′ = 60″ = (\pi/10800)\ rad$
	度	°	$1° = 60′ = (\pi/180)\ rad$
旋转速度	转每分	r/min	$1r/min = (1/60)\ s^{-1}$
长度	海里	n mile	$1n\ mile = 1852m$ （只用于航程）
速度	节	kn	$1kn = 1n\ mile/h = (1852/3600)\ m/s$ （只用于航行）
质量	吨	t	$1t = 10^3 kg$
	原子质量单位	u	$1u \approx 1.660540 \times 10^{-27} kg$
体积	升	L，(l)	$1L = 1dm^3 = 10^{-3} m^3$
能	电子伏	eV	$1eV \approx 1.602177 \times 10^{-19} J$
级差	分贝	dB	
线密度	特［克斯］	tex	$1tex = 10^{-6} kg/m$
面积	公顷	hm²	$1hm^2 = 10^4 m^2$

注：1. 周、月、年为一般常用时间单位。

　　2. ［ ］内的字是在不致混淆的情况下，可以省略的字。

　　3. （ ）内的字为前者的同义语。

　　4. 角度单位度、分秒的符号不处于数字后时，应加括弧。

　　5. 升的符号中，小写字母l为备用符号。

　　6. r为"转"的符号。

　　7. 人们在生活和贸易中，质量习惯称为重量。

　　8. 公里为千米的俗称，符号为km。

　　9. 10^4 称为万，10^8 称为亿，10^{12} 称为万亿，这类数词的使用不受词头名称的影响，但不应与词头混淆。

　　我国选定的非SI单位包括10个由CGPM确定的允许与SI并用的单位，3个暂时保留与SI并用的单位（海里、节、公顷）。此外，根据我国的实际需要，还选取了"转每分"、"分贝"和"特克斯"3个单位，一共16个非SI单位，作为国家法定计量单位的组成部分。

二、法定计量单位的使用规则

1. 法定计量单位名称

（1）计量单位的名称，一般是指它的中文名称，用于叙述性文字和口述中，不得用于公式、数据表、图、刻度盘等处。

（2）组合单位的名称与其符号表示的顺序一致，遇到除号时，读为"每"字，且"每"只能出现 1 次。例如：$\dfrac{J}{mol \cdot K}$ 或 J/（mol·K）的名称应为"焦耳每摩尔开尔文"。书写时亦应如此，不能加任何图形和符号，不要与单位的中文符号相混。

（3）乘方形式的单位名称举例：m^4 的名称应为"四次方米"而不是"米四次方"。用长度单位米的二次方或三次方表示面积或体积时，其单位名称应为"平方米"或"立方米"，否则仍应为"二次方米"或"三次方米"。

$℃^{-1}$ 的名称为"每摄氏度"，而不是"负一次方摄氏度"。

s^{-1} 的名称应为"每秒"。

2. 法定计量单位符号

（1）计量单位的符号分为单位符号（即国际通用符号）和单位的中文符号（即单位名称的简称），后者便于在知识水平不高的场合下使用，一般推荐使用单位符号。十进制单位符号应置于数据之后。单位符号按其名称或简称读，不得按字母读音。

（2）单位符号一般用正体小写字母书写，但是以人名命名的单位符号，第一个字母必须正体大写。单位符号后，不得附加任何标记，也没有复数形式。

组合单位符合书写方式 R 举例及其说明，见表 1-8 所示。

表 1-8 组合单位符合书写方式举例

单位名称	符号的正确书写方式	错误或不适当的书写形式
牛顿米	N·m, Nm 牛·米	N–m, mN 牛–米，牛米
米每秒	m/s, m·s^{-1}, $\dfrac{m}{s}$ 米/秒，米·秒$^{-1}$, $\dfrac{米}{秒}$	ms^{-1} 秒米，米秒$^{-1}$
瓦每开尔文米	W/（K·m）， 瓦/（开·米）	W/K/m, W/K·m
每米	m^{-1}，米$^{-1}$	1/m, 1/米

注：1. 分子为 1 的组合单位的符号，一般不用分子式，而用负数幂的形式。

2. 单位符号中，用斜线表示相除时，分子、分母的符号与斜线处于同一行内。分母中包含两个以上单位符号时，整个分母应加圆括号，斜线不得多于 1 条。

3. 单位符号与中文符号不得混合使用。但是非物理量单位（如台、件、人等），可用汉字与符号构成组合形式单位；摄氏度的符号℃可作为中文符号使用，如 J/℃ 可写为焦/℃。

三、词头使用方法

（1）词头的名称紧接单位的名称，作为一个整体，其间不得插入其他词。例如：面积单位 km^2 的名称和含义是"平方千米"，而不是"千平方米"。

（2）仅通过相乘构成的组合单位在加词头时，词头应加在第一个单位之前。例如：

力矩单位 kN·m，不宜写成 N·km。

（3）摄氏度和非十进制法定计量单位，不得用 SI 词头构成倍数和分数单位。它们参与构成组合单位时，不应放在最前面。例如：光量单位 1m·h，不应写为 h·1m。

（4）组合单位的符号中，某单位符号同时又是词头符号，则应尽量将它置于单位符号的右侧。例如：力矩单位 Nm，不宜写成 mN。温度单位 K 和时间单位 s 和 h，一般也在右侧。

（5）词头 h、da、a、c（即百、十、分、厘）一般只用于某些长度、面积、体积和早已习惯用的场合，例如：m、dB 等。

（6）一般不在组合单位的分子分母中同时使用词头。例如：电场强度单位可用 MV/m，不宜用 kV/mm。词头加在分子的第一个单位符号前，例如：热容单位 J/K 的倍数单位 kJ/K，不应写为 J/mK。同一单位中一般不使用两个以上的词头，但分母中长度、面积和体积单位可以有词头，k 也作为例外。

（7）选用词头时，一般应使量的数值处于 0.1～1000 范围内。例如：1401Pa 可写成 1.401kPa。

（8）万（10^4）和亿（10^8）可放在单位符号之前作为数值使用，但不是词头。十、百、千、十万、百万、千万、十亿、百亿、千亿等中文词，不得放在单位符号前作数值用。例如："3 千秒$^{-1}$"应读作"三每千秒"，而不是"三千每秒"；对"三千每秒"，只能表示为"3000 秒$^{-1}$"。读音"一百瓦"，应写作"100 瓦"或"100W"。

（9）计算时，为了方便，建议所有量均用 SI 单位表示，词头用 10 的幂代替。这样，所得结果的单位仍为 SI 单位。

第五节　试验室管理常识

一、试验室管理制度

试验室的管理内容较多，有试验管理制度，岗位责任制度，试验资料管理制度，试验室安全制度，试验操作规程，仪器设备使用、定期率定及定期保养制度，标准室定期检测检查制度，试验委托制度，检测事故分析制度，检测质量申诉的处理制度，危险品的保管、发放制度等。

二、试验室材料试验管理程序

试验室对材料试验的管理程序为：

（1）委托单位送样并填写委托试验单。

（2）试验室检查样品的数量、加工尺寸及委托单上项目填写是否符合要求与齐全；检查委托单上是否有见证人签字，检查见证人及见证人证书。对所送试件进行编号，并填写委托登记台账。

（3）试验室按国家标准或行业标准进行试验，并填写试验记录，包括试验的环境温度、湿度，试件加工情况及试验过程中的特殊问题等。

（4）将试验结果进行整理计算，做出评定。

（5）试验全过程必须严格按分工执行，试验、记录、计算、复核、审核等都应有相关人员负责签名，审查无误后才能发放试验报告。

三、试验室仪器设备的定期检查

试验室所用的仪器、设备，应请有关部门进行定期检查，以保证这些仪器设备能有效使用。

四、试验资料的内容和作用

试验室应有完整的试验资料管理制度，试验报告单、原始记录、报表、登记表必须建立台账，并统一分类、标识、归档。

试验资料包括：

（1）试验委托单：明确试验项目、内容、日期，是安排试验计划的依据之一。

（2）原始试验记录：是评定、分析试验结果的重要依据和原始凭证。

（3）试验报告单：是判断材料和工程质量的依据，是工程档案的重要组成部分，是竣工验收的主要依据。

（4）试验台账：是对各种试验数量结果的归纳总结，是寻求规律、了解质量信息和核查工程项目试验资料的依据之一；同时，台账的建立，也是防止徇私舞弊的一种较好方法。

五、试验安全常识

（1）进行粉尘材料试验时（如水泥、石灰等），应戴口罩，必要时应戴防风眼镜，以保护眼睛。

（2）熟化石灰时，不得用手直接搅拌，以免烧伤皮肤。

（3）进行沥青材料试验时，如沥青熬制等，除戴口罩外，必须戴帆布手套，以免沥青烫伤。

（4）当进行高强度脆性材料试块（如高强度混凝土、石材等）抗压强度试验时，特别应注意防止试块破坏时，碎渣飞溅伤人。

（5）在万能试验机上进行材料拉力试验时，应防止在夹取试件时，夹头伤人。夹取试件操作最好两人配合进行。

第二章   建筑材料基本性质检测

通过对材料的密度、表观密度、堆积密度的检测，可以计算出材料的孔隙率和空隙率，从而了解材料的构造特征。由于材料的构造特征是决定材料的强度、吸水率、抗渗性、抗冻性、耐腐蚀性、导热性和吸声等性能的重要因素。因此了解建筑材料的基本性质，对于掌握建筑材料的特性和使用功能是十分必要的。

第一节   材料密度检测

一、试验目的

了解材料密度检测的基本方法，熟练掌握各种检测手段，明确材料密度检测的重要意义。

二、主要仪器设备

（1）李氏瓶（图2-1）；

（2）筛子：孔径0.2mm或900孔/cm^2；

（3）烘箱：恒温在105±5℃；

（4）天平：称量500g，感量0.01g；

（5）量筒、恒温水槽、干燥器、温度计、漏斗、小勺等。

三、试样制备

（1）将试样研磨后用筛子筛分，除去筛余物质后放置试样于105~110℃烘箱中烘至恒重，再放入干燥器中冷却到室温备用。

（2）有多种材料进行试验时，注意应将不同种类的材料分开堆放，防止混淆。

四、试验步骤

（1）在李氏瓶中注入与试样不发生化学反应的液体至突颈下部，记录下刻度示值（V_0）。

（2）用天平称取60~90g试样，精确至0.01g。用小勺和漏斗小心地将试样徐徐送入李氏瓶中（不能大量倾

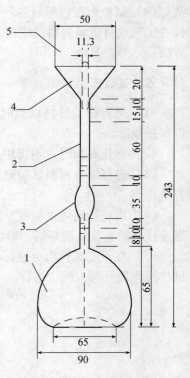

图2-1   李氏瓶示意图

1—底瓶；2—细颈；3—鼓形扩大颈；

4—喇叭形漏斗；5—玻璃磨口塞

倒，否则会妨碍李氏瓶中的空气排出或使咽喉部位堵塞），直至液面上升至 20mL 刻度左右为止。

（3）用瓶内的液体将粘附在瓶颈和瓶壁上的试样洗入瓶内液体中，转动李氏瓶使液体中的气泡排出，记下液面刻度（V_1）。

（4）称量未注入瓶内剩余试样的质量并计算出装入瓶中试样的质量（m）。

（5）将注入试样后的李氏瓶中的液面读数减去未注入试样前李氏瓶中的液面读数，得出试样的绝对体积（V），$V = V_1 - V_0$。

（6）检测结果计算及确定

按下式计算出材料密度 ρ（g/cm³，精确至 0.01）：

$$\rho = \frac{m}{V} \tag{2-1}$$

式中　m——装入李氏瓶中的试样质量，g；

　　　V——装入李氏瓶中的试样体积，cm³。

按规定，两个试样的材料密度检测应平行进行，以其计算结果的算术平均值作为最后结果。两次检测结果之差不应大于 0.02g/cm³，否则应重新检测。

第二节　材料表观密度检测（标准法）

一、检测目的

表观密度是指材料在自然状态下单位体积内具有的质量，亦即包括材料内部孔隙在内的单位体积的质量。利用表观密度可以估计材料的强度、吸水性、保湿性等，也可以用于计算材料的体积和结构物质量。

二、主要仪器设备

（1）容量瓶：容量 500mL；

（2）液体天平：称量 5000g，感量 5g；其型号及尺寸应能允许在臂上悬挂盛试样的吊篮；

（3）吊篮：直径和高度均为 150mm，由孔径为 1～2mm 的筛网或钻有 2～3mm 孔洞的耐腐蚀金属板制成；

（4）烘箱：恒温在 105±5℃；

（5）干燥器、浅盘、漏斗、直尺、游标卡尺、温度计、烧杯、铝制料勺等；

（6）天平：称量 1000g，感量 1g。

三、检测步骤

1. 对几何形状规则的材料

将欲检测材料的试件放入 105～110℃烘箱中烘至恒重，取出后置于干燥器中冷却至室温。

用直尺或游标卡尺测出试件尺寸（每边检测值当试件为正方体或平行六面体时以每个面测量上、中、下三个长度数值的算术平均值为准；试件为圆柱体时，按两个互相垂直的方向测其直径，各方向上、中、下各测量三次，以六次数据的平均值为准确定试件直径），并计算出试件体积（V_0）。

用天平称量出试件的质量（m）后按式（2-2）计算出材料的表观密度 ρ_0：

$$\rho_0 = \frac{m}{V_0} \times 1000 \tag{2-2}$$

式中　ρ_0——材料的表观密度，kg/m^3；

　　　m——试件的质量，g；

　　　V_0——试件体积，cm^3。

2. 对几何形状不规则的材料（以砂石为例）

（1）砂的表观密度测定

将650g左右的砂试样在105～110℃的烘箱中烘干至恒重，并在干燥器内冷却至室温后待用。

称取烘干后的试样300g（m_0），精确至1g，装入盛有半瓶冷开水的容量瓶中，摇转容量瓶，使试样在水中充分搅动，以排出气泡。塞紧瓶塞后静置24h左右。

容量瓶静置后用滴管添水，使水面与瓶颈刻度线平齐，再塞紧瓶塞并擦干瓶外水分，称取其质量（m_1）。

倒出瓶中的水和试样，将瓶的内外表面洗净，再向瓶内注入与前面步骤中水温相差不超过2℃的冷开水至瓶颈刻度线，塞紧瓶塞并擦干瓶外水分，称取其质量（m_2）。

按式（2-3）计算砂的表观密度（精确至$10kg/m^3$）：

$$\rho_{0,s} = \left(\frac{m_0}{m_0 + m_2 - m_1} - \alpha_t \right) \times 1000 \tag{2-3}$$

式中　$\rho_{0,s}$——砂的表观密度，kg/m^3；

　　　m_0——试样烘干后的质量，g；

　　　m_1——试样、水及容量瓶的总质量，g；

　　　m_2——水及容量瓶总质量，g；

　　　α_t——考虑称量时的水温对砂表观密度影响的修正系数，详见表2-1。

表 2-1　不同水温下砂的表观密度温度修正系数

水温（℃）	15	16	17	18	19	20	21	22	23	24	25
α_t	0.002	0.003	0.003	0.004	0.004	0.005	0.005	0.006	0.006	0.007	0.008

以两次试验结果的算术平均值作为测定值。当两次结果之差大于$20kg/m^3$时，应重新取样进行试验。

（2）石子的表观密度测定

试验前，将石子试样筛去5.00mm以下的颗粒，用四分法缩分至不少于2kg，刷洗干净后分两份备用。取试样一份装入吊篮，并浸入盛水的容器中，水面至少高出试样

50mm，浸 24h，移放到称量用的盛水容器中，并用上下升降吊篮的方法排出气泡（试样不得露出水面），吊篮每升降一次约为 1s，升降高度为 30～50mm。

测定水温后（此时吊篮应全浸在水中），用天平称取吊篮及试样在水中的质量（m_2），精确至 5g，称量时盛水容器中水面的高度由容器的溢流孔控制；提起吊篮，将试样倒入浅盘，放在烘箱中于 105±5℃下烘干至恒重，待冷却至室温后，称出其质量（m_0），精确至 5g。

称取吊篮在同样温度的水中的质量（m_1），精确至 5g，称量时盛水容器的水面高度仍由溢流口控制。

注：试验的各项称量可以在 15～25℃的温度范围内进行，但从试样加水静置的 2h 起直至试验结束，其温度变化不应超过 2℃。

做完以上步骤之后，试样的表观密度按式（2-4）计算：

$$\rho_{0,g} = \left(\frac{m_0}{m_0 + m_1 - m_2} - \alpha \right) \times 1000 \qquad (2-4)$$

式中　$\rho_{0,g}$——试样的表观密度，kg/m^3；

m_0——烘干后的试样质量，g；

m_1——吊篮在水中的质量，g；

m_2——吊篮及试样在水中的质量，g；

α——考虑称量时的水温对材料表观密度影响的修正系数，详见表 2-2。

表 2-2　不同水温下碎石或卵石的表观密度温度修正系数

水温（℃）	15	16	17	18	19	20	21	22	23	24	25
α	0.002	0.003	0.003	0.004	0.004	0.005	0.005	0.006	0.006	0.007	0.008

按照规定，砂、石子的表观密度测定应用两份试样平行测定两次，并以两次结果的算术平均值作为测定结果（精确到 $10kg/m^3$）。如果两次测定结果的差值大于 $20kg/m^3$ 时，应重新取样检测。对于颗粒材质不均匀的石子试样，如两次试验结果之差超过规定时，可取四次测定结果的算术平均值作为最终的测定结果。

第三节　材料堆积密度检测

材料的堆积密度是指粉状或颗粒状材料在堆积状态下单位体积（包括组成材料的孔隙、堆积状态下的空隙和密实体积之和）的质量。堆积密度的检测是在与材料密度、表观密度检测原理相同的基础上，根据检测材料的不同粒径大小的特性，采用不同的检测方法。实际工程中主要要求检测的是混凝土粗、细骨料的堆积密度。

1. 主要仪器设备

标准容器（容积为 1L）、标准漏斗（图 2-2）、容量筒（规格见表 2-3）、台秤、铝制料勺、烘箱、直尺、垫棒（直径 10mm，长 500mm 圆钢；直径 16mm，长 650mm 圆钢）、磅秤（称量 100kg，感量 100g）。

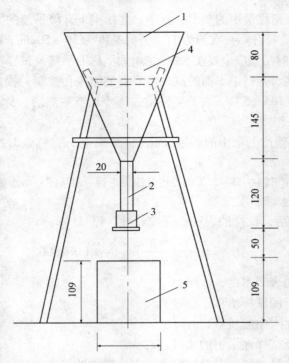

图 2-2　标准漏斗

1—漏斗；2—ϕ20 管子；3—活动门；4—筛子；5—金属量桶

表 2-3　容量筒的规格要求

最大粒径（mm）	容量筒容积（L）	容量筒规格		
		内径（mm）	净高（mm）	壁厚（mm）
10.0，16.0，20.0，25.0	10	208	294	2
31.5，40.0	20	294	294	3
63.0，80.0	30	360	294	4

2. 试样制备

用四分法缩取 3L 细骨料试样放入浅盘中，将浅盘放入温度为 105±5℃下烘干至恒重，取出后冷却至室温，筛除大于 5.00mm 的颗粒，分为大致相等的两份备用；混凝土粗骨料取质量约等于表 2-4 所规定的试样放入浅盘中，同样在 105±5℃的烘箱中烘干至恒重，也可以摊在清洁的地面上风干，拌匀后分成两份备用。

表 2-4　碎石或卵石堆积密度和紧密密度试样取样质量

公称粒径（mm）	10.0	16.0	20.0	25.0	31.5	40.0	63.0	80.0
称量（kg）	40	40	40	40	80	80	120	120

3. 试验方法及步骤

（1）砂的松散堆积密度

取试样一份，用漏斗或料勺将试样从容量筒中心上方 50mm 处徐徐倒入，让试样以自由落体落下，当容量筒上部试样呈锥体，且容量筒四周溢满时，即停止加料。然后用直尺沿筒口中心线向两边刮平（试验过程中应防止触动容量筒），称出试样和容量筒的总质量 m_2，精确至 1g。倒出试样，称取空容量筒质量 m_1，精确至 1g。

（2）砂的紧密堆积密度

取试样一份，分两次装入容量筒。装完第一层后，在筒底垫放一根直径为 10mm 的垫棒，左右交替振击地面各 25 次。然后装入第二层。第二层装满后用同样方法振实（但筒底所垫垫棒的方向与第一层时的方向垂直）后，再加试样直至超过筒口，然后用直尺沿筒口中心线向两边刮平，称出试样和容量筒的总质量 m_2，精确至 1g。

（3）石子的松散堆积密度

取试样一份，用小铲将试样从容量筒口中心上方 50mm 处徐徐倒入，让试样以自由落体落下，当容量筒上部试样呈锥体，且容量筒四周溢满时，即停止加料。除去凸出容量筒表面的颗粒，并以合适的颗粒填入凹陷部分，使表面稍凸起部分和凹陷部分的体积大致相等（试验过程中应防止触动容量筒），称出试样和容量筒的总质量 m_2，精确至 1g。倒出试样，称取空容量筒质量 m_1，精确至 1g。

（4）石子的紧密堆积密度

取试样一份，分三次装入容量筒。装完第一层后，在筒底垫放一根直径为 16mm 的垫棒，左右交替振击地面各 25 次；再装入第二层，第二层装满后用同样方法振实（但筒底所垫垫棒的方向与第一层时的方向垂直）；然后装入第三层，如法振实。试样装填完毕，再加试样直至超过筒口，用钢尺沿筒口边缘刮去高出的试样。使表面稍凸起部分和凹陷部分的体积大致相等。称出试样和容量筒的总质量 m_2，精确至 1g。

（5）容量筒容积的校正方法

容量筒容积的校正方法是以温度为 20 ± 5℃的饮用水装满容量筒，用玻璃板沿筒口滑移，使其紧贴水面。擦干筒外壁水分，然后称出其质量，砂容量筒精确至 1g，石子容量筒精确至 1g。用式（2-5）计算筒的容积（L，精确至 1mL）。

$$V = m_2' - m_1' \qquad (2-5)$$

式中　m_2'——容量筒、玻璃板和水的总质量，kg；

　　　m_1'——容量筒、玻璃板的总质量，kg。

4. 结果计算

砂、石子松散堆积密度 ρ_L 和紧密堆积密度 ρ_C 分别按照式（2-6）计算（kg/m³，精确至 10kg/m³）。

$$\rho_L(\rho_C) = \frac{m_2 - m_1}{V} \qquad (2-6)$$

式中　m_2——试样和容量筒的总质量，kg；

　　　m_1——容量筒质量，kg；

　　　V——容量筒的容积，L。

以两次试验结果的算术平均值作为测量值。

第四节　材料孔隙率、空隙率检测

一、材料孔隙率的计算

孔隙率是指材料体积内孔隙体积所占的比例。材料的孔隙率 P 可以按式（2-7）计算：

$$P = \frac{V_0 - V}{V_0} \times 100\% = \left(1 - \frac{\rho_0}{\rho}\right) \times 100\% \tag{2-7}$$

式中　ρ_0——材料的表观密度，kg/m^3；

ρ——材料的密度，g/cm^3；

V_0——材料在自然状态下自身的体积，cm^3；

V——材料在绝对密实状态下的体积，cm^3。

二、材料空隙率的计算

空隙率是指粉状或颗粒状材料在自然堆积状态下的体积中，材料颗粒间的空隙体积所占的比例。材料的空隙率 P' 可以通过式（2-8）计算：

$$P' = \frac{V_0' - V_0}{V_0'} \times 100\% = \left(1 - \frac{\rho_0'}{\rho_0}\right) \times 100\% \tag{2-8}$$

式中　ρ_0'——材料的堆积密度，g/cm^3；

ρ_0——材料的表观密度，kg/m^3；

V_0'——材料的堆积体积，m^3；

V_0——材料在自然状态下自身的体积（包括材料内部的孔隙在内），m^3。

第五节　材料吸水率检测

材料的吸水率是指材料在水饱和状态下的吸水量与干燥状态下材料的质量或体积之比。

一、主要仪器设备

天平、游标卡尺、烘箱、玻璃（或金属）盆等。

二、试样制备

将试样置于不超过110℃的烘箱中烘干至恒重，再放到干燥器中冷却至室温待用。

三、检测方法及步骤

从干燥器中取出试样，称取其质量 m（kg）。

将试样放在金属或玻璃盆中，并在盆底放置垫条（如玻璃管或玻璃棒，使试样底面与盆底不致紧贴，试样之间应留出 $1 \sim 2cm$ 的间隙，使水能够自由进入）。

加水至式样高度1/3处，过24h后再加水至试样高度2/3处，再过24h后加满水，并放置 24h。逐次加水的目的在于使试样内的空气逸出。

取出试样，用拧干的湿毛巾轻轻擦去表面水分（不得来回擦拭）后称取其质量 m_1。

为检验试样是否吸水饱和，可将试样再浸入水中至试样高度 3/4 处，过 24h 后重新称量，两次称量结果之差不得超过 1%。

四、结果计算与评定

材料的吸水率 $W_质$ 及 $W_体$ 可按式（2-9）计算：

$$W_质 = \frac{m_1 - m}{m} \times 100\% \qquad W_体 = \frac{m_1 - m}{V_0} \times 100\% \qquad (2-9)$$

式中　$W_质$——材料的质量吸水率，%；

$\quad\ W_体$——材料的体积吸水率（用于高度多孔材料如海绵等的吸水率计算），%；

$\quad\ m$——试样的干燥质量，kg；

$\quad\ m_1$——试样的吸水饱和质量，kg；

$\quad\ V_0$——材料在自然状态下的体积，m^3。

按规定，材料的吸水率检测应用三个试样平行进行，并以三个试样吸水率的算术平均值作为检测结果。

建筑材料基本性质实训报告

送检试样：＿＿＿＿＿＿＿＿＿＿＿＿　　委托编号：＿＿＿＿＿＿＿＿＿＿＿＿

委托单位：＿＿＿＿＿＿＿＿＿＿＿＿　　试验委托人：＿＿＿＿＿＿＿＿＿＿

工程名称：＿＿＿＿＿＿＿＿＿＿＿＿

一、送检试样资料

品种标号：＿＿＿＿＿＿＿＿＿＿＿＿　　厂别牌号：＿＿＿＿＿＿＿＿＿＿＿

出厂日期：＿＿＿＿＿＿＿＿＿＿＿＿　　进场日期：＿＿＿＿＿＿＿＿＿＿＿

代表数量：＿＿＿＿＿＿＿＿＿＿＿＿　　来样日期：＿＿＿＿＿＿＿＿＿＿＿

二、试验内容

＿＿＿＿＿＿＿＿＿＿＿＿＿＿＿＿＿＿＿＿＿＿＿＿＿＿＿＿＿＿＿＿＿＿＿＿＿

＿＿＿＿＿＿＿＿＿＿＿＿＿＿＿＿＿＿＿＿＿＿＿＿＿＿＿＿＿＿＿＿＿＿＿＿＿

＿＿＿＿＿＿＿＿＿＿＿＿＿＿＿＿＿＿＿＿＿＿＿＿＿＿＿＿＿＿＿＿＿＿＿＿＿

＿＿＿＿＿＿＿＿＿＿＿＿＿＿＿＿＿＿＿＿＿＿＿＿＿＿＿＿＿＿＿＿＿＿＿＿＿

三、主要仪器设备及规格型号

＿＿＿＿＿＿＿＿＿＿＿＿＿＿＿＿＿＿＿＿＿＿＿＿＿＿＿＿＿＿＿＿＿＿＿＿＿

＿＿＿＿＿＿＿＿＿＿＿＿＿＿＿＿＿＿＿＿＿＿＿＿＿＿＿＿＿＿＿＿＿＿＿＿＿

＿＿＿＿＿＿＿＿＿＿＿＿＿＿＿＿＿＿＿＿＿＿＿＿＿＿＿＿＿＿＿＿＿＿＿＿＿

＿＿＿＿＿＿＿＿＿＿＿＿＿＿＿＿＿＿＿＿＿＿＿＿＿＿＿＿＿＿＿＿＿＿＿＿＿

四、试验记录

试验日期：＿＿＿＿＿＿＿＿＿＿＿＿＿＿＿＿＿

1. 材料的密度测试

执行标准：＿＿＿＿＿＿＿＿＿＿＿＿＿＿＿＿＿＿＿＿＿＿＿

试样名称			注入试样前李氏瓶中液面读数 V_0（m³）	1	
				2	
试样质量	1		注入试样后李氏瓶中液面读数 V_0'（m³）	1	
m（kg）	2			2	
试样的绝对体积 V（m³）			试验密度 $\rho = m/V$（kg/m³）		
V_1			$\rho_1 =$		
V_2			$\rho_2 =$		
试验材料的密度（kg/m³）			$\rho = \dfrac{\rho_1 + \rho_2}{2} =$		

2. 材料的表观密度测试

执行标准：＿＿＿＿＿＿＿＿＿＿＿＿＿＿＿＿＿

（1）几何形状规则的材料

试样名称			基本尺寸	边长（直径）L（R）	1	2	3	4	5	6
试样质量 m（kg）	1			边长（直径）L（R）	1	2	3	4	5	6
	2									
试样体积 V_0（m³）			1			2				
试验材料表观密度 ρ_0（kg/m³）			1			2				
试验材料表观密度平均值（kg/m³）			$\rho_0 = \dfrac{\rho_{0,1} + \rho_{0,2}}{2} =$							

（2）几何形状不规则的材料

以砂为例

试样名称	砂		试样、水及容量瓶总质量 m_1（g）	水及容量瓶总质量 m_2（g）	修正系数 α_t
试样质量 m_0（g）	1		1	1	
	2		2	2	
材料表观密度 ρ_0（kg/m³）	$\rho_{0,s} = \left(\dfrac{m_0}{m_0 + m_2 - m_1} - \alpha_t \right) \times 1000$			$\rho_{0,s1} =$	$\rho_{0,s2} =$

3. 材料的堆积密度试验

执行标准：＿＿＿＿＿＿＿＿＿＿＿＿＿＿＿＿＿

混凝土用粗细骨料

容量筒质量 m_1（kg）	容量筒及试样总质量 m_2（kg）		容量筒容积 V（L）		
	1	2			
堆积密度或紧密密度 ρ_L（ρ_C）$= \dfrac{m_2 - m_1}{V} \times 1000$			1	2	平均

4. 材料的孔隙率、空隙率及吸水率测试

执行标准：＿＿＿＿＿＿＿＿＿＿＿＿＿＿＿＿＿

孔隙率	材料密度 ρ（kg/m³）	材料表观密度 ρ_0（kg/m³）	材料孔隙率 P（%）
空隙率	材料表观密度 ρ_0（kg/m³）	材料堆积密度 ρ_L（kg/m³）	材料空隙率 P'（%）

续表

吸水率	试样干燥质量 m（kg）		1			试样吸水饱和质量 m_1（kg）	1	
			2				2	
			3				3	
	质量吸水率 $W_质 = \dfrac{m_1 - m}{m} \times 100\%$			1	2	3	平均	
	体积吸水率 $W_体 = \dfrac{m_1 - m}{V_0} \times 100\%$			1	2	3	平均	

备注及问题说明：

审批（签字）：_____ 审核（签字）：_____ 试验（签字）：_____

检测单位（盖章）_____

报告日期： 年 月 日

注：本表一式四份（建设单位、施工单位、试验室、城建档案馆存档各一份）

第三章 水泥性能检测

第一节 水泥试验基本规定

一、水泥性能检测的一般规定

1. 常用水泥必试项目

水泥胶砂强度，水泥安定性，水泥凝结时间。

2. 执行标准

《水泥比表面积测定方法　勃氏法》GB/T 8074—2008；

《水泥细度检验方法　筛析法》GB/T 1345—2005；

《水泥标准稠度用水量、凝结时间、安定性检验方法》GB/T 1346—2001；

《水泥胶砂强度检验方法（ISO 法）》GB/T 17671—1999；

《水泥胶砂流动度测定方法》GB/T 2419—2005；

《通用硅酸盐水泥》GB 175—2007。

二、水泥试验取样方法

水泥出厂前按同品种、同强度等级编号和取样。袋装水泥和散装水泥应分别进行编号和取样。每一编号为一取样单位。水泥出厂编号按年生产能力规定为：

200×10^4t 以上，不超过 4000t 为一编号；

120×10^4t ~ 200×10^4t，不超过 2400t 为一编号；

60×10^4t ~ 120×10^4t，不超过 1000t 为一编号；

30×10^4t ~ 60×10^4t，不超过 600t 为一编号；

10×10^4t ~ 30×10^4t，不超过 400t 为一编号；

10×10^4t 以下，不超过 200t 为一编号。

取样方法按《水泥取样方法》GB 12573 进行。可连续取，亦可从 20 个以上不同部位取等量样品，总量至少 12kg。当散装水泥运输工具的容量超过该厂规定出厂编号吨数时，允许该编号的数量超过取样规定吨数。

（1）散装水泥

对同一水泥厂生产的同期出厂的同品种、同强度等级的水泥，以一次进厂（场）的同一出厂编号的水泥为一批。但一批的总量不得超过 500t。随机地从不少于 3 个车罐中各采取等量水泥，经混合搅拌均匀后，再从中称取不少于 12kg 水泥作为检验试样。取样采取"槽形管状取样器"（图 3-1），通过转动取样器内管控制开关，在适当位置插入水泥一定深度，关闭后小心抽出。将所取样品放入洁净、干燥、不易受污染的容器中。

（2）袋装水泥

对同一水泥厂生产的同期出厂的同品种、同强度等级的水泥，以一次进厂（场）的同一出厂编号的水泥为一批。但一批的总量不得超过200t。随机地从不少于20袋中各采取等量水泥，经混拌均匀后，再从中称取不少于12kg水泥作为检验试样。取样使用"取样管"（图3-2），将取样管插入水泥适当深度，用大拇指按住气孔，小心抽出取样管，将所取样品放入洁净、干燥、不易受污染的容器中。

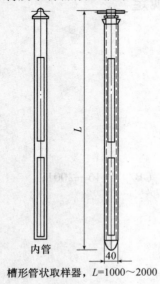

槽形管状取样器，L=1000～2000

图3-1　散装水泥取样管

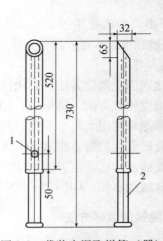

图3-2　袋装水泥取样管（器）

1—气孔；2—手柄，材质：黄铜，气孔和壁厚尺寸自定

（3）已进厂（场）的每批水泥，视在厂（场）存放情况，应重新采集试样复验其强度和安定性。存放期超过三个月的水泥，使用前必须进行复验，并按复验结果使用。

（4）取样要有代表性，所取试样总数不少于12kg，拌合均匀后分成两等份，一份由试验室按标准进行试验，一份密封保存，以备复验用。

（5）建筑施工企业应分别按单位工程取样。

（6）构件厂、搅拌站应在水泥进厂（站）时取样，并根据贮存、使用情况定期复验。

三、试样及用水

试样应充分拌匀，并通过0.9mm方孔筛，记录筛余百分率及筛余物情况。

仲裁试验或其他重要试验用蒸馏水，其他试验可用饮用水。

四、试验室温、湿度

试验室温度为20±2℃，相对湿度大于50%；养护箱温度为20±1℃，相对湿度应大于 90% ，养护池水温为 20 ± 1℃ 。

水泥试样、标准砂、拌合水及试模等仪器用具的温度均应与试验室温度相同。

第二节　水泥细度检测（筛析法）

水泥细度是指水泥颗粒的粗细程度。水泥的物理、力学性质都与细度有关，因此细度是水泥质量控制的指标之一。目前，我国普遍采用筛余百分数和比表面积两种表示方法。

筛余百分数法在《水泥细度检验方法　筛析法》（GB/T 1345—2005）中规定了三种检验方法：负压筛析法、水筛法、手工筛析法。三种方法测定结果发生争议时，以负压筛析法为准。

三种检验方法都采用 80μm 或 45μm 筛作为试验用筛，用筛网上所得筛余物的质量占试样原始质量的百分数来表示水泥样品的细度。三种检验方法试验用筛的清洗、保养和修正方法一致。

一、主要仪器设备

1. 试验筛

试验筛由圆形筛框和框网组成，分负压筛、水筛和手工筛三种，负压筛和水筛结构尺寸如图 3-3 和图 3-4 所示。负压筛应附有透明筛盖，筛盖与筛上口应有良好的密封性。筛网应紧绷在筛框上，筛网和筛框接触处应用防水胶密封，防止水泥嵌入。手工筛结构应符合《金属丝编织网试验筛》（GB/T 6003.1）的规定，其中筛框高度为 50mm，筛子的直径为 150mm。

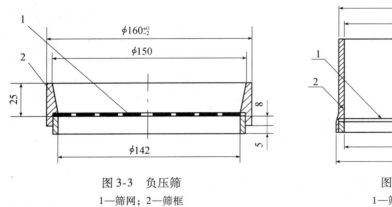

图 3-3　负压筛
1—筛网；2—筛框

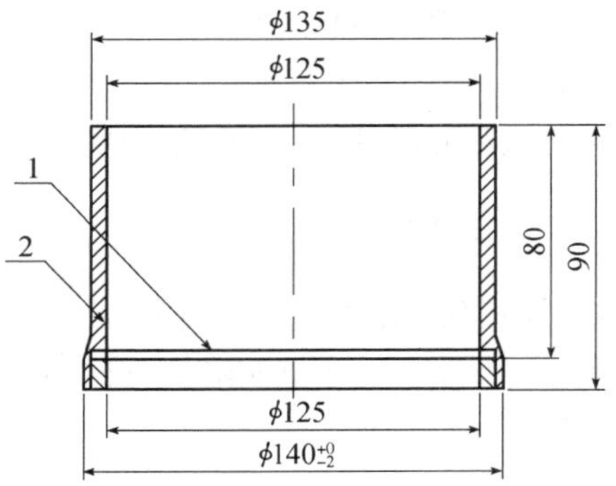

图 3-4　水筛
1—筛网；2—筛框

2. 负压筛析仪

负压筛析仪由筛座、负压筛、负压源及收尘器组成，其中筛座由转速为 30 ± 2r/min 的喷气嘴、负压表、控制板、微电机及壳体等构成，如图 3-5 所示。

筛析仪负压可调范围为 4000 ~ 6000Pa。负压源和收尘器，由功率 ≥ 600W 的工业吸尘器和小型旋风收尘筒组成，或用其他具有相当功能的设备。

喷气嘴上口平面与筛网之间距离为 2 ~ 8mm，喷气嘴的上开口尺寸如图 3-6 所示。

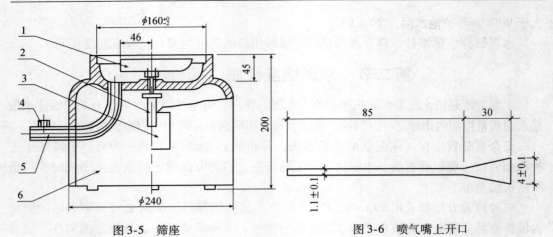

图 3-5　筛座　　　　　　　　　图 3-6　喷气嘴上开口

1—喷气嘴；2—微电机；3—控制板开关；
4—负压表接口；5—负压源及收尘器接口；6—壳体

负压筛析法是干筛法的一种，效率高，人为因素少，准确性高。试样质量 25g，工作负压 4000～6000Pa，筛析时间 2min。

3. 水筛架和喷头

水筛架上筛座内径为 140_{-3}^{+0}mm。喷头直径 55mm，筛面上均匀分布 90 个孔，孔径为 0.5～0.7mm，喷头安装高度离筛网 35～75mm 为宜。水筛架和喷头如图 3-7 所示。

标准规定：水筛法喷头底面与筛网之间的距离为 35～75mm。试样质量 50g，水压为 0.05±0.02MPa，冲洗时间 3min。

4. 天平

最大称量为 100g，感量 0.01g。

二、试验步骤

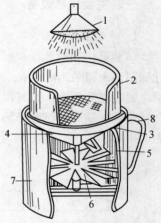

图 3-7　水筛法装置系统图

1—喷头；2—标准筛；3—旋转托架；
4—集水头；5—出水口；6—叶轮；
7—外筒；8—把手

试验前所用试验筛应保持清洁，负压筛和手工筛应保持干燥。试验时，80μm 筛析试验称取试样 25g，45μm 筛析试验称取试样 10g。

1. 负压筛析法

（1）检查负压筛析仪系统，调节负压至 4000～6000Pa 范围内。

（2）称取试样精确至 0.01g，置于洁净的负压筛中，盖上筛盖，将负压筛连同试样放在筛座上，开动筛析仪连续筛析 2min，在此期间如有试样附着在筛盖上，可轻轻敲击使试样落下。筛毕，用天平称量筛余物。

当筛析仪压力表显示工作负压小于 4000Pa 时，应清理吸尘器内水泥粉末，使负压恢复正常。

2. 水筛法

（1）调整好水压及水筛架的位置，使其能正常运转。

（2）称取试样精确至 0.01g，置于洁净的水筛中，立即用淡水冲洗至大部分试样细粉通过筛孔后，将筛子放在水筛架上，用水压为 0.05±0.02MPa 的喷头连续冲洗 3min。筛毕将筛子取下，用少量水把筛余物冲至蒸发皿中，等水泥颗粒全部沉淀后，小心倒出清水，烘干后用天平称量筛余物。

3. 手工筛析法

（1）称取试样精确至 0.01g，倒入干筛内，盖上筛盖。

（2）用一只手持筛往复摇动，另一只手轻轻拍打，拍打速度每分钟约 120 次，每 40 次向同一方向转动 60°，使试样均匀分布在筛网上。直至每分钟通过试样量不超过 0.03g 为止。筛毕，用天平称量筛余物。

4. 试验筛的清洗

试验筛必须保持洁净，筛孔通畅，使用 10 次后要进行清洗。金属框筛、铜丝网筛清洗时，应用专门的清洗剂，不可用弱酸浸泡。

三、试验结果评定

1. 水泥试样筛余百分数

水泥试样筛余百分数按式（3-1）计算：

$$F = \frac{R_{\mathrm{t}}}{W} \times 100\% \qquad (3\text{-}1)$$

式中　F——水泥试样筛余百分数，%；

　　　R_{t}——水泥筛余物的质量，g；

　　　W——水泥试样的质量，g。

结果计算至 0.1%。

2. 筛余结果的修正

为使试验结果具有可比性，应采用试验筛修正系数方法修正上述计算结果，修正系数测定方法如下：

（1）用一种已知标准筛筛余百分数的粉状试样作为标准样，按前述试验步骤测定标准样在试验筛上的筛余百分数。

（2）试验筛修正系数 C 按式（3-2）计算（精确至 0.01）：

$$C = \frac{F_{\mathrm{s}}}{F_{\mathrm{t}}} \qquad (3\text{-}2)$$

式中　F_{s}——标准样品的筛余标准值，%；

　　　F_{t}——标准样品在试验筛上的筛余值，%；

　　　C——试验筛修正系数。

（3）水泥试样筛余百分数结果修正按式（3-3）计算：

$$F_{\mathrm{c}} = CF \qquad (3\text{-}3)$$

式中　F_{c}——水泥试样修正后的筛余百分数，%；

　　　C——试验筛修正系数；

F——水泥试样修正前的筛余百分数,%。

（4）合格评定时，每个样品应称取两个试样分别筛析，取筛余平均值为筛析结果。若两次筛余结果绝对误差大于0.5%时（筛余值大于5.0%时可放至1.0%）应再做一次试验，取两次相近结果的算术平均值，作为最终结果。

第三节　水泥比表面积测定（勃氏法）

水泥比表面积是指单位质量的水泥粉末所具有的总表面积，以 m^2/kg 或 cm^2/g 来表示。

测定原理：勃氏法主要是根据一定量的空气通过具有一定空隙率和固定厚度的水泥层，所受阻力不同而引起流速的变化来测定水泥的比表面积。在一定空隙率的水泥层中，孔隙的大小和数量是颗粒尺寸的函数，同时也决定了通过料层的气流速度。

水泥颗粒越粗，测得的比表面积越小。因为空气通过固定厚度的水泥层所受阻力越小，所需时间越短，所以测得比表面积越小。相反，颗粒越细，所测得比表面积就越大。

一、主要仪器设备

（1）Blaine（勃氏）透气仪：由透气圆筒、压力计和捣器三部分组成（图3-8）。

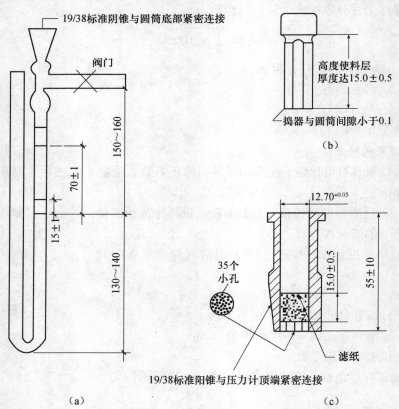

图 3-8　比表面积 U 形压力计示意图

(a) U 形压力计；(b) 捣器；(c) 透气圆筒

（2）分析天平（分度值 1mg）、计时秒表（精确到 0.5s）、烘干箱（灵敏度 ±1℃）等。

二、检测步骤

1. 测定水泥密度

按《水泥密度测定方法》GB/T 208 测定水泥密度。

2. 漏气检查

将透气圆筒上口用橡皮塞塞紧，接到压力计上。用抽气装置从压力计一臂中抽出部分气体，然后关闭阀门，观察是否漏气。如发现漏气，可用活塞油脂加以密封。

3. 确定空隙率（ε）

PI、PII 型水泥的空隙率采用 0.500±0.005，其他水泥或粉料的空隙率选用 0.530±0.005。

当上述空隙率不能将试样压至本条第 5 点"试料层准备"规定的位置时，则允许改变空隙率。空隙率的调整以 2000g 砝码将试样压实至本条第 5 点"试料层准备"规定的位置为准。

4. 确定试样量

试样量按式（3-4）计算：

$$m = \rho V(1 - \varepsilon) \tag{3-4}$$

式中　　m——需要的试样量，g；

　　　　ρ——试样密度，g/cm³；

　　　　V——试料层体积，cm³；

　　　　ε——试料层空隙率。

5. 试料层准备

（1）将穿孔板放入透气圆筒的突缘上，用捣棒将一片滤纸放到穿孔板上，边缘放平并压紧。称取试样，精确至 0.001g，倒入圆筒。轻敲圆筒的边，使水泥层表面平坦。再放入一片滤纸，用捣器均匀捣实试料直至捣器的支持环与圆筒顶边接触，并旋转 1～2 圈，慢慢取出捣器。

（2）穿孔板上的滤纸为 ϕ12.7mm 边缘光滑的圆形滤纸片。每次测定需用新的滤纸片。

6. 透气试验

（1）把装有试料层的透气圆筒下锥涂一薄层活塞油脂，然后把它插入压力计顶端锥形磨口处，旋转 1～2 圈。要保证紧密连接不致漏气，并不振动所制备的试料层。

（2）打开微型电磁泵慢慢从压力计一臂中抽出空气，直到压力计内液面上升到扩大部下端时关闭阀门。当压力计内液体的凹月面下降到第一条刻度线时开始计时（图3-8），当液体的凹月面下降到第二条刻度线时停止计时，记录液面从第一条刻度线到第二条刻度线所需的时间。以秒记录，并记录下试验时的温度（℃）。每次透气试验应重新制备试料层。

三、结果计算

1. 当被测物料的密度、试料层中空隙率与标准试样相同，试验时的温度与校准温度之差≤3℃时，可按式（3-5）计算水泥比表面积：

$$S = \frac{S_s \sqrt{T}}{\sqrt{T_s}} \tag{3-5}$$

式中　S——被测试样的比表面积，cm^2/g；

　　　S_s——标准试样比表面积，cm^2/g；

　　　T——被检测样试验时，压力计中液面降落测得的时间，s；

　　　T_s——标准试样试验时，压力计中液面降落测得的时间，s。

如试验时的温度与校准温度之差＞3℃时，则按式（3-6）计算水泥比表面积：

$$S = \frac{S_s \sqrt{\eta_s} \sqrt{T}}{\sqrt{\eta} \sqrt{T_s}} \tag{3-6}$$

式中　η_s——标准试样试验温度下的空气黏度，$\mu Pa \cdot s$；

　　　η——被测试样试验温度下的空气黏度，$\mu Pa \cdot s$。

2. 当被测试样的试料层中空隙率与标准样品试料层中空隙率不同，试验时的温度与校准温度之差≤3℃时，则按式（3-7）计算水泥比表面积：

$$S = \frac{S_s \sqrt{T}(1 - \varepsilon_s) \sqrt{\varepsilon^3}}{\sqrt{T_s}(1 - \varepsilon) \sqrt{\varepsilon_s^3}} \tag{3-7}$$

如试验时的温度与校准温度之差＞3℃时，则按式（3-8）计算水泥比表面积：

$$S = \frac{S_s \sqrt{\eta_s} \sqrt{T}(1 - \varepsilon_s)}{\sqrt{\eta} \sqrt{T_s}(1 - \varepsilon)} \tag{3-8}$$

式中　ε——被测试样试料层中的空隙率；

　　　ε_s——标准试样试料层中的空隙率。

四、结果评定

1. 水泥比表面积由两次试验结果的平均值确定，计算应精确至 $10cm^2/g$，如两次试验结果相差 2% 以上时，应重新试验。

2. 当同一水泥用手动勃氏透气仪测定的结果与自动勃氏透气仪测定的结果有争议时，以手动勃氏透气仪测定结果为准。

第四节　水泥标准稠度用水量、凝结时间、安定性检测

本方法适用于硅酸盐水泥、普通硅酸盐水泥、矿渣硅酸盐水泥、火山灰质硅酸盐水泥、粉煤灰硅酸盐水泥、复合硅酸盐水泥以及指定采用本方法的其他品种水泥。

检测原理：

（1）水泥标准稠度净浆对标准试杆（试锥）的沉入具有一定的阻力。通过试验不同含水量水泥净浆的穿透性，以确定水泥标准稠度净浆中所需加入的水量。

（2）凝结时间由试针沉入水泥标准稠度净浆至一定深度所需的时间表示。

（3）雷氏法是观测由两个试针的相对位移所指示的水泥标准稠度净浆体积膨胀的

程度。

（4）试饼法是观测水泥标准稠度净浆试饼的外形变化程度。

一、主要仪器设备

（1）水泥净浆搅拌机：符合《水泥净浆搅拌机》JC/T 729—2005 的要求。

（2）标准法维卡仪：如图 3-9 所示，标准稠度测定用试杆由有效长度为 50 ± 1mm、直径为 50 ± 0.05mm 的圆柱形耐腐蚀金属制成。测定凝结时间时取下试杆，用试针代替试杆。试针为由钢制成的圆柱体，其有效长度初凝针 50 ± 1mm、终凝针 30 ± 1mm、直径为 1.13 ± 0.05mm。滑动部分的总质量为 300 ± 1g。与试杆、试针连接的滑动杆表面应光滑，能靠重力自由下落，不得有紧涩和旷动现象。

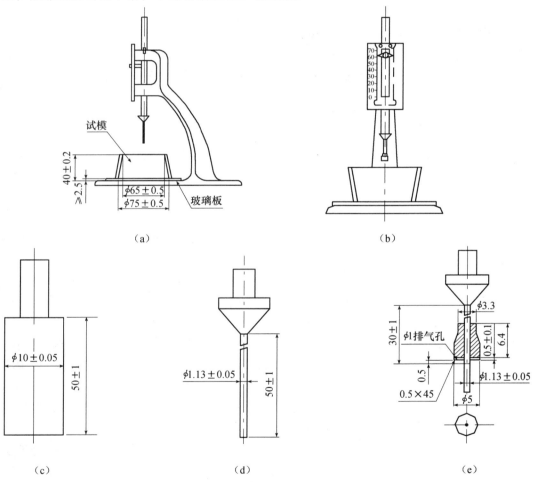

图 3-9　测定水泥标准稠度和凝结时间用的维卡仪

（a）初凝时间测定用立式试模的侧视图；（b）终凝时间测定用反转试模前视图；

（c）标准稠度试针；（d）初凝用试针；（e）终凝用试针

（3）代用法维卡仪：符合《水泥净浆搅拌机》JC/T 729—2005 的要求。

（4）湿气养护箱：能使温度控制在 20±1℃，相对湿度不低于 90%。

（5）雷氏夹：由铜质材料制成。当用 300g 砝码校正时，两根指针的针尖距离增加应在 17.5±2.5mm 范围内，去掉砝码后针尖的距离应恢复原状。

（6）雷氏夹膨胀值测定仪：标尺最小刻度为 0.5mm。

（7）沸煮箱：有效容积约为 410mm×240mm×310mm，能在 30±5min 内将箱内试验用水由室温升至煮沸状态，并恒沸 3h 以上。

（8）量水器：最小刻度为 0.1mL，精度 1%。

（9）天平：最大称量不小于 1000g，分度值不大于 1g。

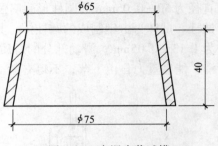

（10）水泥净浆试模，如图 3-10 所示。盛装水泥净浆的试模应由耐腐蚀的、有足够硬度的金属制成，形状为截顶圆锥体，每只试模应配备一块厚度≥2.5mm、大于试模底面的平板玻璃底板。

图 3-10　水泥净浆试模

二、水泥标准稠度用水量的测定

1. 标准法

测定水泥标准稠度用水量的目的是为测定水泥凝结时间及安定性时制备标准稠度的水泥净浆确定加水量。试验步骤如下：

（1）首先将维卡仪调整到试杆接触玻璃板时指针对准零点。

（2）称取水泥试样 500g，拌合水量按经验找水。

（3）用湿布将搅拌锅和搅拌叶片擦过，将拌合水倒入搅拌锅内，然后在 5~10s 内小心将称好的 500g 水泥加入水中，防止水和水泥溅出。

（4）拌合时，先将锅放到搅拌机的锅座上，升至搅拌位置。启动搅拌机进行搅拌，低速搅拌 120s，停拌 15s，同时将叶片和锅壁上的水泥浆刮入锅中，接着高速搅拌 120s 后停机。

（5）拌合结束后，立即将拌制好的水泥净浆装入已置于玻璃底板上的试模中，用小刀插捣，轻轻振动数次，使气泡排出，刮去多余的净浆，抹平后迅速将试模和底板移到维卡仪上，并将其中心定在试杆下，降低试杆直至与水泥净浆表面接触，拧紧螺丝 1~2s 后，突然放松，使试杆垂直自由地沉入水泥净浆中，使试杆停止沉入或释放试杆 30s 时记录试杆距底板之间的距离，整个操作应在搅拌后 1.5min 内完成。

（6）以试杆沉入净浆并距底板 6±1mm 的水泥净浆为标准稠度净浆。其拌合水量为该水泥的标准稠度用水量（P），以水泥质量的百分比计。按式（3-9）计算：

$$P = \frac{拌合用水量}{水泥用量} \times 100\% \tag{3-9}$$

2. 代用法

采用代用法测定水泥标准稠度用水量，可用调整水量和不变水量两种方法的任一种测定试验步骤。

（1）试验步骤

①将维卡仪调整至试锥接触锥模顶面时指针对准零点。

②称取水泥试样 500g，采用调整水量方法时，拌合水量按经验找水，采用不变水量方法时，拌合水用 142.5mL。水量准确至 0.5mL。

③用湿布将搅拌锅和搅拌叶片擦过，将拌合水倒入搅拌锅内，然后在 5～10s 内小心地将称好的 500g 水泥加入水中，注意防止水和水泥溅出。

④拌合时，先将锅放到搅拌机的锅座上，升至搅拌位置。启动搅拌机进行搅拌，低速搅拌 120s，停拌 15s，同时将叶片和锅壁上的水泥浆刮入锅中，接着高速搅拌 120s 后停机。

⑤拌合结束后，立即将拌制好的水泥净浆装入锥模内，用小刀插捣并用手将其振动数次，使气泡排出。刮去多余净浆并抹平后迅速放到试锥下面固定位置上。将试锥降至净浆表面，拧紧螺丝 1～2s 后，突然放松螺丝，让试锥垂直自由地沉入水泥净浆中，到试锥停止下沉或释放试锥 30s 时记录试锥下沉深度。整个操作应在搅拌后 1.5min 内完成。

（2）试验结果

①用调整水量方法测定时，以试锥下沉深度 S 为 28±2mm 时的净浆为标准稠度净浆。其拌合水量即为该水泥的标准稠度用水量（P），按水泥质量百分比计，按式（3-9）计算。

如下沉深度超出范围，须另称试样，调整水量，重新试验，直至达到 28±2mm 时为止。

②用不变水量方法测定时，根据测得的试锥下沉深度 S（mm），按式（3-10）（仪器上对应标尺）计算得到标准稠度用水量 P（%）：

$$P = 33.4 - 0.185S \tag{3-10}$$

当试锥下沉深度小于 13mm 时，应改用调整水量方法测定。

当试锥下沉深度正好符合 26～30mm 时，水泥净浆可以做试验；不符合 26～30mm 时，要重新称样，按测得的标准稠度计算拌合水量。

三、水泥净浆凝结时间测定

凝结时间的测定可以用人工方法测定，也可以使用能得出与标准中规定方法相同结果的凝结时间自动测定仪，使用时不必翻转试体。两者有矛盾时以人工测定为准。测定试验步骤如下：

（1）首先调整凝结时间测定仪，使试针接触玻璃板时指针对准零点。

（2）称取水泥试样 500g，以标准稠度用水量制成标准稠度的水泥净浆一次装满试模，振动数次后刮平，立即放入湿气养护箱中。记录水泥全部加入水中的时间作为凝结时的起始时间。

（3）初凝时间的测定。试件在湿气养护箱中养护至加水后 30min 时进行第一次测定。测定时，从湿气养护箱中取出试模放到试针下，降低试针与水泥净浆表面接触，拧紧螺丝 1～2s 后突然放松，试针垂直自由地沉入水泥净浆，观察试针停止下沉或释放 30s

时指针的读数。当试针沉至距底板 4±1mm 时，为水泥达到初凝状态，由水泥全部加入水中至初凝状态的时间为水泥的初凝时间（min）。

（4）终凝时间的测定。为了准确观察检测针沉入的状况，在终凝针上安装一个环形附件。在完成初凝时间测定后，立即将试模连同浆体以平移的方法从玻璃板上取下，翻转 180°，直径大端向上，小端向下放在玻璃板上，再放入湿气箱中继续养护，临近终凝时间时每隔 15min 测定一次，当试针沉入试体 0.5mm 时，即环形附件开始不能在试体上留下痕迹时，认为水泥达到终凝状态。由水泥全部加入水中至终凝状态的时间为水泥的终凝时间（min）。

（5）测定时应注意：在最初测定的操作时应轻轻扶持金属柱，使其徐徐下降，以防试针撞弯，但结果以自由下落为准，在整个检测过程中试针沉入的位置至少要距试模内壁 10mm。临近初凝时，每隔 5min 测定一次；临近终凝时，每隔 15min 测定一次，到达初凝和终凝时应立即重复测一次，当两次结果相同时才能定为到达初凝或终凝状态。每次测定不得让试针落入原针孔，每次检测完毕须将试针擦净并将试模放回湿气养护箱内，整个检测过程要防止试模受到振动。

在确定初凝时间时，如有疑问，应连续测三个点，以其中结果相同的两个点来判定。

四、安定性的测定

安定性的测定方法有标准法（雷氏法）和代用法（饼法）两种，有争议时以标准法为准。

1. 标准法

标准法（雷氏法）是测定水泥净浆在雷氏夹中煮沸后的膨胀值，据此检验水泥的体积安定性。

（1）试验步骤

①每个试样需成型两个试件，每个雷氏夹应配备质量为 75~85g 的玻璃板两块，一垫一盖，凡与水泥净浆接触的玻璃板和雷氏夹内表面都要稍稍涂上一层油。

②将预先准备好的雷氏夹放在已稍擦油的玻璃板上，并立即将已制好的标准稠度的水泥净浆一次装满雷氏夹，装入净浆时一只手轻扶雷氏夹，另一只手用宽约 10mm 的小刀插捣数次，然后抹平，盖上涂油的玻璃板。随即将试件移至湿气养护箱内养护 24±2h。

③脱去玻璃板，取下试件，先测量雷氏夹指针尖端间的距离 A，精确到 0.5mm。接着将试件放到煮沸箱内水中试件架上，指针朝上，然后在 30±5min 内加热至沸并恒沸 180±5min。

④煮沸结束后，立即放掉煮沸箱中的热水，打开箱盖，待箱体冷却至室温，取出试件进行判别。

（2）结果判别

测量雷氏夹指针尖端间的距离 C，准确至 0.5mm，当两个试件煮沸后增加距离 $C-A$ 的平均值不大于 5.0mm 时，即认为该水泥安定性合格。当两个试件的 $C-A$ 值相差超过

4mm 时，应用同一样品立即重做一次试验。再如此，则认为该水泥安定性不合格。

2. 代用法

代用法（饼法）是以观察水泥净浆试饼煮沸后的外形变化来检验水泥的体积安定性。

（1）试验步骤

①将制好的标准稠度的水泥净浆取出约 150g，分成两等份，使之呈球形，放在已涂油的玻璃板上，用手轻轻振动玻璃并用湿布擦过的小刀由边缘向中央抹动，作成直径 70 ~ 80mm、中心厚约 10mm、边缘渐薄、表面光滑的两个试饼，放入湿气养护箱内养护 24 ± 2h。

②脱去玻璃板，取下试饼并编号，先检查试饼，在无缺陷的情况下将试饼放在煮沸箱水中的算板上，在 30 ± 5min 内加热至沸并恒沸 180 ± 5min。

用试饼法时应注意先检查试饼是否完整（如已开裂、翘曲，要检查原因，确认无外因时，该试饼已属不合格，不必煮沸）。

③煮沸结束后放掉热水，打开箱盖，待箱体冷却至室温，取出试件进行判别。

（2）结果判别

目测饼未发现裂缝，用钢直尺检查也没有弯曲（用钢直尺和试饼底部紧靠，以两者间不透光为不弯曲）的试饼为安定性合格，反之为不合格。当两个试饼判别结果有矛盾时，该水泥的安定性为不合格。

第五节　水泥胶砂强度检测（ISO 法）

一、主要仪器设备

（1）行星式水泥胶砂搅拌机：工作时搅拌叶片既绕自身轴线自转又沿搅拌锅周边公转，运动轨迹似行星式的胶砂搅拌机（图 3-11）。其性能应符合《行星式水泥胶砂搅拌机》（JC/T 681—2005）的要求。

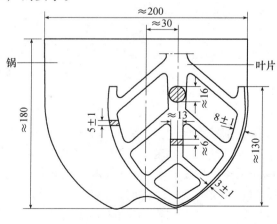

图 3-11　水泥砂浆搅拌机

搅拌叶片高速和低速时的自转和公转速度应符合表 3-1 的要求。

表 3-1　行星式水泥胶砂搅拌机主要参数

速　度	搅拌叶自转（r/min）	搅拌叶公转（r/min）
低	140 ± 5	62 ± 5
高	285 ± 10	125 ± 10

注：叶片与锅底、锅壁的工作间隙 3 ± 1mm。

搅拌锅可以任意挪动，但可以很方便地固定在锅座上，而且搅拌时也不会明显晃动和转动。搅拌叶片呈扇形，搅拌时除顺时针自转外，还沿锅边逆时针公转，并且有高低两种速度。

（2）振实台：振实台振幅 15.0 ± 0.3mm，振动频率 60 次/60 ± 2s。振实成型方法用伸臂式振动台，或者振幅 0.75 ± 0.02mm、振动频率 2800 ~ 3000 次/min 振动台成型试件，试验结果有争议时，以伸臂式振动台为准。

振动台性能应符合《水泥胶砂试体成型振实台》（JC/T 682—2005）的要求，如图 3-12 所示。

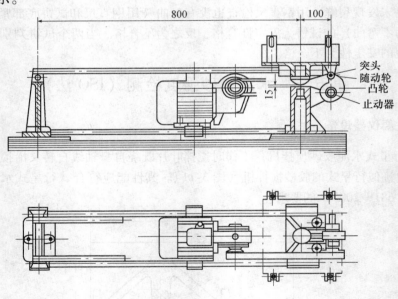

图 3-12　振实台

（3）试模、下料漏斗、刮平直尺。

（4）抗压夹具：抗压夹具结构为双臂式，加压板面积为 40mm × 40mm。其结构及性能应满足《40mm × 40mm 水泥抗压夹具》（JC/T 683—2005）的要求，如图 3-13 所示。

（5）抗折强度试验机：采用电动或手动双杠杆抗折强度试验机，如图 3-14 所示，也可用性能符合要求的其他试验机。抗折夹具的加荷与支撑圆柱必须用硬质钢材制造，其直径均为 10 ± 0.2mm，两个支撑圆柱中心距为 100 ± 0.2mm。其性能应符合《水泥物

理检验仪器　电动抗折试验机》（JC/T 724—2005）的要求。

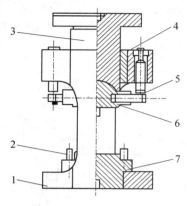

图 13-13　抗压夹具

1—框架；2—定位销；3—传压柱；4—衬套；
5—吊簧；6—上压板；7—下压板

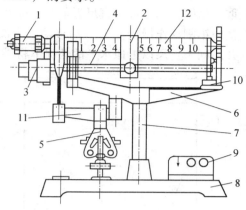

图 13-14　双杠杆抗折试验机

1—平衡锤；2—游动砝码；3—电动机；4—传动丝杠；
5—抗折夹具；6—机架；7—立柱；8—底座；
9—电器控制箱；10—启动开关；11—下杠杆；12—上杠杆

（6）抗压强度试验机：要求抗压强度试验机在较大的 4/5 量程范围内使用时记录的荷载应有 ±1% 精度，并应当具有 2400 ±200N/s 速率的加荷能力。它应有一个能指示试件破坏时荷载值并把它保持到试验机卸载以后的指示器。人工操作的试验机应配有一个速度动态装置，以便控制加荷速度。

二、胶砂的制备

（1）按《水泥胶砂强度检验方法（ISO 法）》GB/T 17671 进行试验。但火山灰质硅酸盐水泥、粉煤灰硅酸盐水泥、复合硅酸盐水泥和掺火山灰质混合材料的普通硅酸盐水泥在进行胶砂强度检验时，其用水量按 0.50 水灰比和胶砂流动度不小于 180mm 来确定。当流动度小于 180mm 时，须以 0.01 的整倍数递增的方法将水灰比调整至胶砂流动度不小于 180mm。

（2）一锅胶砂成型三条试体，每锅材料需要量：水泥 450 ±2g，ISO 标准砂 1350 ±5g，水 225 ±1mL。

配料中规定称量用天平精度为 ±1g，量水器精度 ±1mL。

（3）胶砂搅拌时先把水加入锅内，再加入水泥，把锅放在固定架上，上升至固定位置，立即开动机器，低速搅拌 30s，在第二个 30s 开始时加砂，30s 内加完，高速搅拌 30s，停拌 90s，从停拌开始 15s 内用一胶皮刮具将叶片和锅壁上的胶砂刮入锅中间，再高速搅拌 60s。各个搅拌阶段，时间误差应在 ±1s 内。

三、试件的制备

（1）振实台成型时，立即将搅拌好的胶砂分两次装入试模，装第一层时，每个模槽里约放 300g 胶砂，用大播料器垂直架在模套顶部沿每一个模槽来回一次将料层播平，接着振动 60 次，再装入第二层胶砂，用小播料器播平，再振动 60 次。移走模套，从振实台上取下试模，用一金属直尺近似 90° 的角度架在试模模顶的一端，然后沿试模长度方向以横向锯割动作慢慢向另一端移动，一次将超过试模部分的胶砂刮去，如图 3-15 所示，并用同一直尺以近似水平的情况下将试体表面抹平。

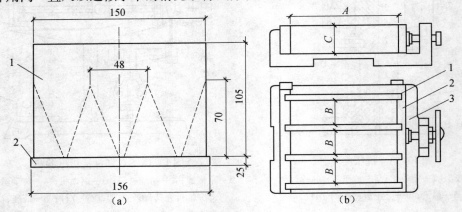

图 3-15　水泥试模及下料漏斗

（a）下料漏斗

1—漏斗；2—模套

（b）水泥试模（$A = 160mm$，$B = C = 40mm$）

1—隔板；2—顶板；3—底座

（2）振实成型。

（3）在试模上做标记或用字条标明试件编号。

四、试件的养护

（1）成型好以后的试模立即放入养护箱（$20 \pm 1℃$，湿度 $\geq 90\%$）中养护，养护到规定的时间后取出脱模。脱膜前，用防水墨汁或颜料笔对试体进行编号和做其他标记。两个龄期以上的试件，在编号时应将同一试模中的三条试件分两个以上龄期内。

（2）将做好标记的试件水平或垂直放在 $20 \pm 1℃$ 水中养护，水平放置时刮平面应朝上。不允许在养护期间全部换水，28d 换一次水。

（3）试件龄期从水泥加水搅拌开始试验时算起。不同龄期强度试验在下列时间里进行：

龄期（d）	时间
1	1d ± 15min
2	2d ± 30min
3	3d ± 45min
7	7d ± 2h
28	28d ± 8h

由此可知，对龄期的规定较为严格：一是明确了龄期起始时间；二是龄期多，以适应不同品种的水泥；三是龄期越短，破型时间范围越小。

五、强度检测

各龄期的试件必须在规定的时间内进行强度试验。试件从水中取出后，拭去试件表面沉积物，并用湿布覆盖至试验为止。

1. 抗折强度的测定

每龄期取出 3 条试件先做抗折强度试验。试验前须拭去试件表面的附着水分和砂粒，清除夹具上圆柱表面粘着的杂物，试件放入夹具内，应使侧面与圆柱接触。

试件放入前，应使杠杆成平衡状态。试件放入后调整夹具，使杠杆在试件折断时尽可能地接近平衡位置。

抗折试验以 50 ± 10N/s 的速率均匀地加荷直至折断。

单块抗折强度按式（3-12）计算（精确至 0.01MPa）：

$$R_f = \frac{3F_f L}{2b^3} \qquad (3-12)$$

式中　R_f——抗折强度，MPa；

$\quad\quad F_f$——折断时荷载，N；

$\quad\quad L$——跨距，mm；

$\quad\quad b$——正方形截面的边长，mm。

抗折强度以一组三个棱柱体抗折结果的平均值作为试验结果（精确至 0.1MPa）。当三个强度值中有超出平均值 ±10% 时，应剔除后再取平均值作为抗折强度试验结果。如其中有两个测定值超过平均值的 ±10% 时，则以剩下的一个测定值作为抗折强度结果，若三个测定值全部超过平均值的 ±10% 时而无法计算强度时，必须重新检验。

2. 抗压强度的测定

抗折强度试验后的断块应立即进行抗压试验。抗压试验须用抗压夹具进行，试件受压面为 40mm×40mm。试验前应清除试件受压面与压板间的砂粒和杂物。试验时以试件的侧面为受压面，试件的底面靠紧夹具定位销，并使夹具对准压力机压板中心。

抗压强度试验在整个加荷过程中以 2400 ± 200N/s 的速率均匀地加荷直至破坏。

单块抗压强度按式（3-13）计算（精确至 0.1MPa）：

$$R_c = \frac{F_c}{A} \qquad (3-13)$$

式中　R_c——单块试件抗压强度，MPa；

$\quad\quad F_c$——破坏时的最大荷载，N；

$\quad\quad A$——受压面积，mm^2。

抗压强度以一组三个棱柱体上得到的六个抗压强度测定值的平均值作为试验结果（精确至 0.1MPa）。如六个测定值中有一个超出六个平均值的 ±10%，就应剔除这个结果，而以剩下五个的平均值作为结果。如果五个测定值中再有超过它们平均值的 ±10%，则此组结果作废，应重做。

3. 结果评定

《水泥胶砂强度检验方法（ISO 法）》（GB/T 17671—1999）规定抗折强度记录至

0.01MPa，平均值计算精确至0.1MPa。单块抗压强度结果计算至0.1MPa，平均值计算精确至0.1MPa。为使记录精度与平均值计算精度相一致，抗折强度及其平均值的计算精度可取小数点后两位，即0.01MPa，抗压单块强度结果和平均值可计算到0.1MPa。报告的时候再修约和标准值精度一样。

六、通用硅酸盐水泥各龄期强度标准

不同品种不同强度等级的通用硅酸盐水泥，其不同各龄期的强度应符合表3-2的规定。

表3-2　通用硅酸盐水泥各龄期强度　　　　　MPa

品　　种	强度等级	抗　压　强　度		抗　折　强　度	
		3d	28d	3d	28d
硅酸盐水泥	42.5	≥17.0	≥42.5	≥3.5	≥6.5
	42.5R	≥22.0		≥4.0	
	52.5	≥23.0	≥52.5	≥4.0	≥7.0
	52.5R	≥27.0		≥5.0	
	62.5	≥28.0	≥62.5	≥5.0	≥8.0
	62.5R	≥32.0		≥5.5	
普通硅酸盐水泥	42.5	≥17.0	≥42.5	≥3.5	≥6.5
	42.5R	≥22.0		≥4.0	
	52.5	≥23.0	≥52.5	≥4.0	≥7.0
	52.5R	≥27.0		≥5.0	
矿渣硅酸盐水泥 火山灰质硅酸盐水泥 粉煤灰硅酸盐水泥 复合硅酸盐水泥	32.5	≥10.0	≥32.5	≥2.5	≥5.5
	32.5R	≥15.0		≥3.5	
	42.5	≥15.0	≥42.5	≥3.5	≥6.5
	42.5R	≥19.0		≥4.0	
	52.5	≥21.0	≥52.5	≥4.0	≥7.0
	52.5R	≥23.0		≥4.5	

第六节　水泥胶砂流动度检测

水泥胶砂流动度是反映水泥胶砂流动性能的一个指标。流动度以一定配比的水泥胶砂在规定振动状态下的扩展的平均直径表示（单位：mm）。

本方法主要用于测定水泥胶砂流动度，以确定水泥胶砂的适宜需水量。

测定水泥胶砂流动度的目的：水泥胶砂流动度是衡量水泥需水性的重要指标之一，是水泥胶砂可塑性的反映。用流动度来控制水泥胶砂用水量，能使水泥胶砂物理性能的检测建立在准确可比的基础上。用流动度来控制水泥胶砂强度成型加水量，所测得的水泥强度与混凝土强度间有较好的相关性，更能反映实际使用效果。

一、主要仪器设备

1. 水泥胶砂搅拌机

应符合《行星式水泥胶砂搅拌机》（JC/T 681—2005）的性能要求。

2. 跳桌及其附件

（1）跳桌主要由铸铁机架和跳动部分组成，如图 3-16 所示。

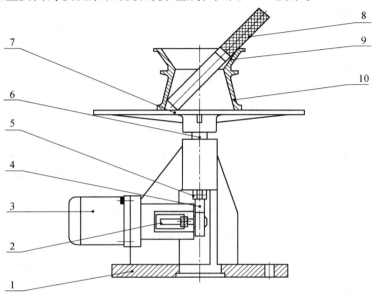

图 3-16　跳桌结构示意图

1—机架；2—接近开关；3—电机；4—凸轮；5—滑轮；

6—推杆；7—圆盘桌面；8—捣棒；9—模套；10—截锥圆模

（2）转动轴与转速为 60r/min 的同步电机，其转动机构能保证胶砂流动度测定仪在 25±1s 内完成 25 次跳动。跳桌底座有 3 个直径为 12mm 的孔，以便与混凝土基座连接，三个孔均匀分布在直径 200mm 的圆上。

3. 试模

由截锥圆模和模套组成，金属材料制成，内表面加工光滑。圆模尺寸为：高 60±0.5mm，上口内径 70±0.5mm，下口内径 100±0.5mm，下口外径 120mm，模壁厚大于 5mm。

4. 圆柱捣棒

由金属材料制成，直径 20±0.5mm，长约 200mm。捣棒底面与侧面成直角，其下部光滑，上部手柄滚花。

5. 卡尺

量程不小于 300mm，分度值不大于 0.5mm。

6. 小刀

刀口平直，长度大于 80mm。

7. 天平

量程不小于1000g，分度值不大于1g。

二、试验步骤

1. 制备胶砂

由《水泥胶砂流动度测定方法》（GB/T 2419—2005）规定一次试验用的材料数量为：水泥540g，标准砂1350g，水按预定的水灰比进行计算。

按《水泥胶砂强度检验方法（ISO）法》（GB/T 17671—1999）的规定进行搅拌。

2. 湿润仪器

在拌合胶砂的同时，用湿布抹擦跳桌台面、捣棒、截锥圆模和模套内壁，并把它们置于玻璃板中心，盖上湿布。

3. 装模

将拌合好的水泥胶砂迅速地分两层装入模内。第一层装至圆锥模高的2/3处，用小刀在相互垂直的两个方向上各划5次，再用圆柱捣棒自边缘至中心均匀捣压15次（如图3-17所示）。接着装第二层胶砂，装至高出圆模约20mm，同样用小刀在相互垂直两个方向各划5次，再用圆柱捣棒自边缘至中心均匀捣压10次（如图3-18所示）。捣压深度，第一层捣至胶砂高度的1/2，第二层捣至不超过已捣实的底层表面。

装胶砂与捣实时用手将截锥圆模扶持，不要移动。

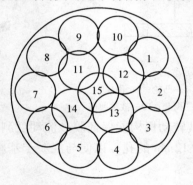 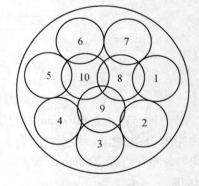

图3-17　第一层捣压位置示意图　　　　图3-18　第二层捣压位置示意图

4. 卸模

捣压完毕后，取下模套，用小刀由中间向边缘分两次将高出截锥圆模的胶砂刮去并抹平，擦去落在桌面上的胶砂，将截锥圆模垂直向上轻轻提起，立刻开动跳桌，约每秒钟一次，在25±1s内完成25次跳动。

三、结果评定

跳动完毕，用卡尺测量胶砂底面互相垂直的两个方向直径，计算平均值，取整数，以mm为单位。该平均值即为该用水量的水泥胶砂流动度。

胶砂流动度试验，从胶砂加水开始到测量扩散直径结束，应在6min内完成。

四、注意事项

1. 使用前要检查推杆与支撑孔之间能否自由滑动，推杆在上、下滑动时应处于垂直状态。可跳动部分的落距为 10 ± 0.1 mm，质量 3.45 ± 0.01 kg，否则应调整推杆上端螺纹与圆盘底部连接处的螺纹距离。

2. 跳桌应固定在坚固的基础上，台面保持水平，台内实心，外表抹上水泥砂浆，跳桌底座和工作台用螺丝固定。

水泥实训报告

送检试样：_____ 委托编号：_____

委托单位：_____ 试验委托人：_____

工程名称：_____

一、送检试样资料

品种标号：_____ 厂别牌号：_____

出厂日期：_____ 进场日期：_____

代表数量：_____ 来样日期：_____

二、试验内容

_____

_____

_____

_____

_____

三、主要仪器设备及规格型号

_____

_____

_____

_____

_____

四、试验记录

试验日期：_____

1. 水泥细度检测

执行标准：_____ 测试方法：_____

编号	试样质量（g）	筛余量（g）	筛余百分数（%）	结论

2. 水泥标准稠度用水量检测

执行标准：_____　　测试方法：_____

编号	试样质量（g）	加水量（mL）	指针下沉深度 S（mm）	标准稠度 P（%）

3. 水泥凝结时间检测

执行标准：_____

编号	试样质量（g）	加水时间	针距底板 4±1mm 时间	针沉入净浆 0.5mm 时间	凝结时间 初凝时间	凝结时间 终凝时间	结论

4. 水泥安定性检测

执行标准：_____　　测试方法：_____

编号	试样质量（g）	加水量（mL）	指针下沉深度 S（mm）	雷氏法 C 值（mm）	雷氏法 A 值（mm）	雷氏法（C-A）值（mm）	试饼法 煮沸后试饼	结论

5. 水泥胶砂流动度检测

执行标准：_____

编号	试样质量（g）	标准砂质量（g）	加水量（mL）	预定水灰比 W/C	扩散直径 直径1（mm）	扩散直径 直径2（mm）	扩散直径 平均直径（mm）	结论

6. 水泥胶砂强度检测（ISO 法）

执行标准：_____

编号	龄期	抗折破坏荷载（N）	抗折强度（MPa）	抗折强度平均值（MPa）	抗压破坏荷载（N）	抗压强度（MPa）	抗压强度平均值（MPa）
1							
2	3d						
3							
1							
2	28d						
3							

结论：

备注及问题说明：

审批（签字）：_____ 审核（签字）：_____ 试验（签字）：_____

检测单位（盖章）_____

报告日期：　　年　　月　　日

注：本表一式四份（建设单位、施工单位、试验室、城建档案馆存档各一份）

第四章　混凝土用骨料性能检测

第一节　混凝土用骨料试验基本规定

一、混凝土用骨料性能检测的一般规定

1. 砂、石的必试项目

筛分析、密度、表观密度、含泥量、泥块含量。

2. 执行标准

《普通混凝土用砂、石质量及检验方法标准》JGJ 52—2006。

《建筑用砂》GB/T 14684—2001。

《人工砂应用技术规程》DBJ/T 01—65—2002。

《建筑用卵石、碎石》GB/T 14685—2001。

二、混凝土用骨料试验取样方法

1. 细骨料的取样方法

混凝土用细骨料一般以砂为代表，其检测样品的取样工作应分批进行。

（1）砂试验应以同一产地、同一规格、同一进厂（场）时间，每400m³ 或 600t 为一验收批，不足400m³ 或 600t 亦为一验收批。

（2）每验收批取样一组，天然砂数量为每组22kg，人工砂每组52kg。

（3）取样方法：

①在料堆上取样时，取样部位均匀分布，取样先将取样部位表层铲除，然后由各部位抽取大致相等的试样8份（天然砂每份11kg以上，人工砂每份26kg以上），搅拌均匀后用四分法缩分至22kg或52kg组成一个试样。

②从皮带运输机上取样时，应在皮带运输机机尾的出料处，用接料器定时抽取试样，并由4份试样（天然砂每份22kg以上，人工砂每份52kg以上）搅拌均匀后用四分法缩分至22kg或52kg组成一个试样。

③建筑施工企业应按单位工程分别取样。

④构件厂、搅拌站应在砂进厂（场）时取样，并根据贮存、使用情况定期复验。

2. 粗骨料的取样方法

混凝土用粗骨料一般以碎（卵）石为代表，其检测样品的取样工作应分批进行。

（1）碎（卵）石试验应以同一产地、同一规格、同一进厂（场）时间，每400m³

或 600t 为一验收批，不足 400m³ 或 600t 亦为一验收批。

（2）每一验收批取样一组，数量为每组 40kg（最大粒径≤20mm）或 80kg（最大粒径为 40mm）。

（3）取样方法：

①在料堆上取样时，取样部位均匀分布，取样时先将取样部位表层铲除，然后由各部位抽取大致相等的石子 15 份（在料堆的顶部、中部和底部各由均匀分布的 5 个不同部位取得）组成一组试样。

②从皮带运输机上取样时，应在皮带运输机机尾的出料处，用接料器定时抽取 8 份石子，组成一组试样。

③建筑施工企业应按单位工程分别取样。

④构件厂、搅拌站应在石子进厂（场）时取样，并根据贮存、使用情况定期复验。

第二节　砂的筛分析检测

一、主要仪器设备

（1）标准筛：包括孔径为 10.0mm、5.00mm、2.50mm、1.25mm、0.63mm、0.315mm、0.16mm 的方孔筛及筛底盘和筛盖各一个，筛框为 300mm 或 200mm；

（2）天平：称量为 1kg，感量 1g；

（3）烘箱：能恒温在 105±5℃；

（4）摇筛机，浅盘，软、硬毛刷，容器等。

二、试样制备

从堆料中取回试样，用四分法缩取如表 4-1 所规定的每一单项试验所需的最少取样数量。先将试样筛除掉大于 10mm 的颗粒并记录其含量百分率。如试样中的淤泥和黏土的含量不超过 5%，应先用水洗净，然后于自然湿润状态下充分搅拌均匀，用四分法缩取每份不少于 550g 的试样两份，将两份试样分别置于温度为 105±5℃ 的烘箱中烘干至恒重，冷却至室温后待用。

表 4-1　每一单项试样所需砂的最少取样数量

试验项目	最少取样数量（g）
筛分析	4400
表观密度	2600
吸水率	4000
紧密密度和堆积密度	5000
含水率	1000
含泥量	4400
泥块含量	10000

续表

试验项目	最少取样数量（g）
有机质含量	2000
云母含量	600
轻物质含量	3200
坚固性	分成 5.00~2.50mm、2.50~1.25mm、1.25~0.63mm、0.63~0.315mm 四个粒级，各取100g
硫化物及硫酸盐含量	50
氯离子含量	2000
碱活性	7500

三、检测步骤

（1）准确称取烘干后的试样500g（试样如为细砂或特细砂时，每份试样质量可减少250g，筛分时增加孔径为0.08mm的方孔筛一个）。

（2）将整套筛按孔径大小顺序叠置。孔径最大的放在上层，加底盘后将试样倒入最上层5.00mm孔径筛内，加盖后置于摇筛机上振筛约10min。

（3）将整套筛自摇筛机上取下，按孔径从大到小逐个用手在洁净的浅盘上进行筛分。各号筛均需筛至每分钟通过量不超过试样总质量的0.1%时为止。通过的颗粒并入下一号筛内，并和下一号筛中的试样一起过筛，当全部筛分完毕时，各号筛的筛余量不得超过的标准为：

$$m_r = \frac{A\sqrt{d}}{300} \tag{4-1}$$

式中　m_r——试样在一个筛上的筛余量，g；

　　　d——筛孔尺寸，mm；

　　　A——筛的面积，mm^2。

如果此时筛分结果仍不能确定时，应将该筛余试样分成两份，再次进行筛分，并以其筛余量之和作为该筛号的筛余量数值。

（4）称量各号筛上的筛余试样质量（精确至1g）。分计筛余量和底盘中剩余试样的质量总和与筛分前的试样总量相比，其差值不得超过1%。

四、结果计算

1. 计算分计筛余百分率 a_i

各号筛上的筛余质量除以试样总质量的百分率（精确至0.1%），计算见式（4-2）：

$$a_i = \frac{m_i}{500} \times 100\%, \quad i = 1,2,\cdots,6 \tag{4-2}$$

式中　a_i——分计筛余百分率，%；

m_i——各号筛上的筛余量，g。

2. 计算累计筛余百分率 β_i

该号筛上的分计筛余百分率与大于该号筛的各号筛上的分计筛余百分率的总和（精确至0.1%），计算式见式（4-3）：

$$\beta_i = \sum_{i=1}^{i} a_i, \qquad i = 1,2,\cdots,6 \qquad (4\text{-}3)$$

式中 β_i——累计筛余百分率，%。

3. 计算细度模数 μ_f

细度模数 μ_f 精确至0.01，计算见式（4-4）：

$$\mu_f = \frac{(\beta_2 + \beta_3 + \beta_4 + \beta_5 + \beta_6) - 5\beta_1}{100 - \beta_1} \qquad (4\text{-}4)$$

式中 μ_f——砂的细度模数；

β_1，β_2，$\cdots$，β_6——依次为5.00mm、2.50mm、1.25mm、0.63mm、0.315mm、0.16mm 筛上的累计筛余百分率，%。

4. 根据累计筛余百分率的计算结果绘制筛分曲线。

5. 结果评定。

（1）粗细程度

细度模数 μ_f 越大表示砂越粗，普通混凝土用砂的细度模数范围一般在3.7~0.7之间，其中：μ_f 在3.7~3.1为粗砂；μ_f 在3.0~2.3为中砂；μ_f 在2.2~1.6为细砂；μ_f 在1.5~0.7为特细砂。

配制普通混凝土宜优先选用中砂。

（2）颗粒级配

按照0.63mm筛孔的累计筛余量，分成三个级配区见表4-2，砂的颗粒级配应处于表4-2中的任何一个区以内。

表4-2 砂颗粒级配区

公称粒径（mm）	累计筛余（%）		
	Ⅰ区	Ⅱ区	Ⅲ区
10.0	0	0	0
5.00	10~0	10~0	10~0
2.50	35~5	25~0	15~0
1.25	65~35	50~10	25~0
0.63	85~71	70~41	40~16
0.315	95~80	92~70	85~55
0.16	100~90	100~90	100~90

注：砂的实际颗粒级配与表中所列的累计筛余相比，除公称粒径为5.00mm和0.63mm筛的累计筛余外，其余公称粒径的累计筛余允许稍有超出，但总超出量不应大于5%。当天然砂的实际颗粒级配不符合要求时，宜采取相应的技术措施，并经试验证明能确保混凝土质量后，方允许使用。

为了更直观地反映砂的颗粒级配，可将表4-2的规定绘成级配曲线图，以累计筛余为纵坐标，以公称粒径为横坐标，如图4-1所示。

配制混凝土时宜优先选用Ⅱ区砂。当采用Ⅰ区砂时，应提高砂率，并保持足够的水泥用量，以满足混凝土的和易性；当采用Ⅲ区砂时，宜适当降低砂率，以保证混凝土强度。配制泵送混凝土，宜选用中砂。

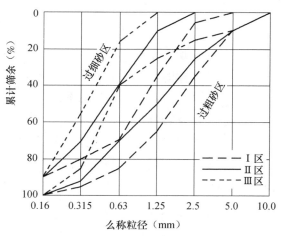

图4-1　砂的级配曲线

砂的筛分析检测应用两份试样分别检测两次，并以两次检测结果的算术平均值作为最终测定结果（精确至0.1）。如两次检测所得的细度模数之差大于0.2，应重新取样进行检测。

第三节　砂的表观密度和堆积密度检测

一、表观密度检测（标准方法）

1. 主要仪器设备
托盘天平：称量1kg，感量1g；
容量瓶：500mL；
烧杯：500mL；
烘箱：恒温105±5℃；
干燥器、浅盘、铝制料勺、温度计等。

2. 试样制备
将所选试样筛去5mm以下的颗粒，用四分法缩分至650g左右，在温度为105±5℃的烘箱中烘干至恒重，并在干燥器内冷却至室温。

3. 测定步骤
（1）称取烘干的试样300g（m_0），装入盛有半瓶冷开水的容量瓶中。

（2）摇转容量瓶，使试样在水中充分搅动以排除气泡，塞紧瓶塞，静置24h左右。然后用滴管添水，使水面与瓶颈刻度线平齐，再塞紧瓶颈，擦干瓶外水分，称其质量（m_1）。

（3）倒出瓶中的水和试样，将瓶的内外表面洗净，再向瓶内注入与上面水温相差不超过2℃的冷开水至瓶颈刻度线。塞紧瓶塞，擦干瓶外水分，称其重量（m_2）。

4. 结果计算
表观密度ρ_0按式（4-5）计算（精确至10kg/m³）：

$$\rho_0 = \left(\frac{m_0}{m_0 + m_2 - m_1} - \alpha_t \right) \times 1000 \qquad (4\text{-}5)$$

式中 ρ_0——表观密度，kg/m³；

m_0——试样的烘干重量，g；

m_1——试样、水及容量瓶总重，g；

m_2——水及容量瓶总重，g；

α_t——考虑称量时的水温对表观密度影响的修正系数，如表 2-1 所示。

以两次试验结果的算术平均值作为测定值，如两次结果之差大于 20kg/m³ 时，应重新取样进行试验。

二、堆积密度检测（标准方法）

1. 试验仪器

台称：称量 5kg，感量 5g；

容量筒：圆柱形，内径 108mm，净高 109mm，筒壁厚 2mm，容积约为 1L；

漏斗：如图 4-2 所示；

烘箱：恒温 105 ±5℃；

直尺、浅盘、方孔筛等。

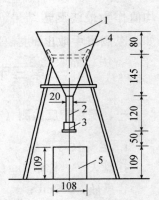

图 4-2　标准漏斗
1—漏斗；2—ϕ20 管子；3—活动门；4—筛子；5—金属量筒

2. 试样制备

用浅盘装样品约 3L，在温度为 105 ±5℃ 的烘箱中烘干至恒重，取出并冷却至室温，再用 5mm 孔径的筛子过筛，分成大致相等的两份备用。试样烘干后如有结块，应在试验前先捏碎。

3. 试验步骤

（1）称量容量筒质量 m_1。

（2）取试样一份，用漏斗徐徐装入容量筒（漏斗出料口距容量筒筒口不应超过 50mm），直至试样装满并超出容量筒筒口。

（3）用直尺将多余的试样沿筒口中心线向两个相反方向刮平，称其重 m_2（g）。

4. 结果计算

堆积密度 ρ_L 按式（4-6）计算，精确至 10kg/m³：

$$\rho_L = \frac{m_2 - m_1}{V} \times 1000 \qquad (4\text{-}6)$$

式中 m_1——容量筒质量，kg；

m_2——容量筒和砂总质量，kg；

V——容量筒体积，L。

以两次试验结果的算术平均值作为测定值。

第四节　碎石或卵石的筛分析检测

一、主要仪器设备

（1）标准筛：筛孔尺寸为 100.0mm、80.00mm、63.0mm、50.0mm、40.0mm、31.5mm、25.0mm、20.0mm、16.0mm、10.0mm、5.0mm、2.50mm 的方孔筛及筛底盒和盖各一套，筛框为300mm。

（2）台秤：称量20kg，感量20g。

（3）烘箱：恒温 105±5℃。

（4）容器、浅盘（铁制）等。

（5）天平：称量5kg，感量5g。

二、试样制备

从料堆中取出试样，用四分法缩取出不少于表4-3所规定数量的试样，经烘干或风干后备用（缩取后所余试样留作表观密度、堆积密度检测之用）。

表 4-3　筛分析所需试样数量

公称粒径（mm）	10.0	16.0	20.0	25.0	31.5	40.0	63.0	80.0
试样质量不少于（kg）	2.0	3.2	4.0	5.0	6.3	8.0	12.6	16.0

三、试验步骤

（1）称量并记录烘干或风干的试样质量 m（kg）。

（2）按检测材料的粒径选用所需的一套筛，并按孔径大小顺序叠置于平整干净的地面或浅盘上，孔径最大的筛子放在上面，然后将试样放入最上层筛中，用手摇动5min。

（3）按孔径大小顺序取下各筛，分别于洁净的铁盘上用手继续摇筛，直到每分钟试样在筛中的通过量不超过试样总量的0.1%为止。通过的颗粒并入下一个筛中。筛分过程中，应注意当筛分完毕时每个筛上的筛余层的厚度应不大于筛上最大颗粒的尺寸，如超过此尺寸，应将该筛余试样分为两份，分别再进行筛分，并以其筛余量之和作为该号筛的筛余量。当试样粒径大于20mm时，筛分中允许用手拨动试样颗粒，使其能通过筛孔。

（4）称量各筛号的筛余量 m_i（kg）。

四、结果计算

1. 计算分计筛余百分率 a_i

各号筛上的筛余量除以试样总质量的百分率（精确至0.1%），计算式见式（4-7）：

$$a_i = \frac{m_i}{m} \times 100\%, \qquad i = 1,2,\cdots,12 \tag{4-7}$$

式中 a_i——分计筛余百分率,%;

       m_i——各号筛上的筛余量,kg;

       m——试样质量,kg。

2. 计算累计筛余百分率 A_i

该号筛上的分计筛余量百分率与大于该号筛的各号筛上的分计筛余百分率的总和（精确至0.1%），计算式见式（4-8）：

$$A_i = \sum_{i=1}^{i} a_i, \qquad i = 1,2,\cdots,12 \qquad\qquad (4\text{-}8)$$

式中 a_i——分计筛余百分率,%;

       A_i——累计筛余百分率,%。

五、结果评定

根据各号筛的累计筛余百分率，评定该试样的颗粒级配。各粒级石子的累计筛余百分率必须满足表4-4的规定：

表4-4 碎（卵）石的颗粒级配范围

级配情况	公称粒级（mm）	方孔筛孔径（mm）											
		2.50	5.00	10.0	16.0	20.0	25.0	31.5	40.0	50.0	63.0	80.0	100.0
		累计筛余百分率（%）											
连续粒级	5~10	95~100	80~100	0~15	0								
	5~16	95~100	85~100	30~60	0~10	0							
	5~20	95~100	90~100	40~80	—	0~10	0						
	5~25	95~100	90~100	—	30~70	—	0~5	0					
	5~31.5	95~100	90~100	70~90		15~45		0~5	0				
	5~40		95~100	70~90	—	30~65	—	—	0~5	0			
单粒级	10~20		95~100	85~100		0~15							
	16~31.5		95~100		85~100			0~10	0				
	20~40			95~100		80~100			0~10	0			
	31.5~63			95~100				75~100	45~75		0~10	0	
	40~80				95~100				70~100		30~60	0~10	0

第五节　碎（卵）石的表观密度和堆积密度检测

一、表观密度检测（标准方法）

1. 主要仪器设备

液体天平：称量5kg，感量5g，其型号及尺寸应能允许在臂上悬挂盛试样的吊篮，并在水中称重，如图4-3所示：

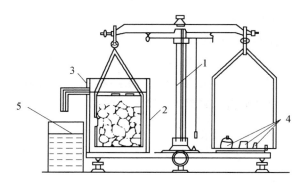

图 4-3　液体天平

1—5kg 天平；2—吊篮；3—带有溢流

孔的金属容器；4—砝码；5—容器

吊篮：直径和高度均为 150mm，由孔径为 1~2mm 的筛网或钻有 2~3mm 孔洞的耐锈蚀金属板制成；

盛水容器：有溢流孔；

烘箱：恒温 105±5℃；

筛（孔径 5mm）、温度计（0~100℃）、带盖容器、浅盘、刷子、毛巾等。

2. 试样制备

将所选试样筛去 5.0mm 以下的颗粒，用四分法缩分至如表 4-5 所规定的数量，洗刷干净后分成两份备用。

表 4-5　石子表观密度试验试样质量

最大粒径（mm）	10.0	16.0	20.0	25.0	31.5	40.0	63.0	80.0
试样质量不少于（kg）	2.0	2.0	2.0	2.0	3.0	4.0	6.0	6.0

3. 测定步骤

（1）取试样一份装入吊篮，并浸入盛水的容器中，水面至少高出试样 50mm；

（2）浸水 24h 后，移到称量用的盛水容器中，并用上下升降吊篮的方法排除气泡（试样不得露出水面）。吊篮每升降 1 次约为 1s，升降高度为 30~50mm；

（3）测定水温，称取吊篮及试样在水中的质量 m_2；

（4）提起吊篮，将试样置于浅盘中，放入 105±5℃ 的烘箱中烘干至恒重；取出来放在带盖的容器中冷却至室温后，称重 m_0；

（5）称取吊篮在同样温度的水中质量 m_1。

4. 结果计算

试样的表观密度 ρ（kg/m³）按式（4-9）计算（精确至 40kg/m³）：

$$\rho = \left(\frac{m_0}{m_0 + m_1 - m_2} - \alpha_t \right) \times 1000 \qquad (4-9)$$

式中　m_0——试样干燥质量，g；

m_1——吊篮在水中的质量，g；

m_2——吊篮及试样在水中的质量，g；

α_t——水温对石子表观密度影响的修正系数，见表 2-2。

碎石或卵石的表观密度检测应用两份试样测定两次，并以两次测定结果的算术平均值作为最终测定结果，如两次结果之差大于 20kg/m³ 时，应重新取样检测。

二、碎（卵）石的堆积密度检测

1. 主要仪器设备

磅秤：称量 100kg，感量 100g。

容量筒：规格见表 2-3。

2. 试样制备

用四分法缩取不少于表 2-4 所规定数量的试样后，在 105±5℃ 的烘箱中烘干或摊于洁净的地面风干，拌匀后分为大致相等的两份试样备用。

3. 检测步骤

（1）称取容量筒质量 m_1（kg）；

（2）取试样一份于平整、干净的混凝土地面（铁板上），用铁锹将试样装满容量筒，使试样自由落入容量筒的高度应为容量筒上口约 50cm。装满容量筒并注意取出突出筒口表面的颗粒，以较合适的颗粒填充凹陷空隙，应使表面凸起和凹陷部分的体积基本相同。最后称取容量筒连同试样的总质量 m_2（kg）。

4. 结果计算

碎石或卵石试样的堆积密度 ρ_L 应按式（4-10）计算（精确至 10kg/m³）：

$$\rho_L = \frac{(m_2 - m_1)}{V} \times 1000 \tag{4-10}$$

式中 ρ_L——堆积密度，kg/m³；

m_1——容量筒质量，kg；

m_2——容量筒及试样总质量，kg；

V——容量筒容积，L。

碎石或卵石的堆积密度检测应用两份试样测定两次，并以两次测定结果的算术平均值作为最终测定结果。如两次检测结果之差大于 20kg/m³，则应重新进行取样检测。

第六节　粗骨料含水率检测

一、主要仪器设备

（1）烘箱：能使温度控制在 105±5℃ 并保持恒温；

（2）台秤：称量 20kg，感量 20g；

（3）浅盘等。

二、检测步骤

（1）用四分法缩取不少于表4-6所要求数量试样，分成两份备用。

表4-6　粗骨料含水率试样质量

骨料公称粒径（mm）	10.0	16.0	20.0	25.0	31.5	40.0	63.0	80.0
试样质量不少于（kg）	2.0	2.0	2.0	2.0	3.0	3.0	4.0	6.0

（2）将试样置于干净的容器中，称取试样和容器的总质量（m_1），并在 105 ± 5℃的烘箱中烘干至恒重。

（3）取出试样，冷却后称取试样与容器的总质量（m_2），并称取容器的质量（m_3）。

三、结果计算

粗骨料含水率 w_{wc}（%）应按式（4-11）计算（精确至0.1%）：

$$w_{wc} = \frac{m_1 - m_2}{m_2 - m_3} \times 100\% \tag{4-11}$$

式中　m_1——烘干前试样和容器总质量，g；

　　　m_2——烘干后试样和容器总质量，g；

　　　m_3——容器质量，g。

粗骨料含水率检测应用两份试样测定两次，并以两次测定结果的算术平均值作为最终测定结果。

第七节　粗骨料吸水率检测

骨料吸水率检测即是测定以烘干质量为基准的骨料饱和面干吸水率。

一、主要仪器设备

（1）烘箱：能使温度控制在 105 ± 5℃并保持恒温；

（2）天平：称量20kg，感量20g；

（3）试验筛：孔径为5.00mm；

（4）容器、浅盘、金属丝刷和毛巾等。

二、试样制备

检测前，应将样品筛去5.00mm以下的颗粒，然后用四分法缩分至表4-7所规定的质量，分成两份，用金属丝刷刷净后备用。

表4-7　粗骨料吸水率试验试样质量

骨料公称粒径（mm）	砂样	10.0	16.0	20.0	25.0	31.5	40.0	63.0	80.0
试样质量不少于（kg）	4.0	2.0	2.0	4.0	4.0	4.0	6.0	6.0	8.0

三、试验步骤

（1）取试样一份置于盛水的容器中，使水面高出试样表面5mm左右，24h后从水中取出试样，并用拧干的湿毛巾将颗粒表面的水分拭干，即成为饱和面干试样。然后立即将试样放在浅盘中称取质量（m_2），在整个试验过程中，水温必须保持在20±5℃。

（2）将饱和面干试样连同浅盘置于105±5℃的烘箱中烘干至恒重，然后取出，放入带盖的容器中冷却0.5~1h，称取烘干试样与浅盘的总质量（m_1），称取浅盘的质量（m_3）。

四、结果计算

吸水率w_{wa}（%）应按式（4-12）计算（精确至0.1%）：

$$w_{wa} = \frac{m_2 - m_1}{m_1 - m_3} \times 100\% \tag{4-12}$$

式中 m_1——烘干后试样和浅盘总质量，g；

m_2——烘干前饱和面干试样和浅盘总质量，g；

m_3——浅盘的质量，g。

粗骨料吸水率检测应用两份试样测定两次，并以两次测定结果的算术平均值作为最终测定的结果。

第八节　碎（卵）石中针状和片状颗粒总含量检测

一、主要仪器设备

（1）针状规准仪和片状规准仪或游标卡尺；

（2）天平：称量2kg，感量2g；

（3）案秤：称量20kg，感量20g；

（4）试验筛：孔径分别为5.00mm、10.0mm、16.0mm、20.0mm、25.0mm、31.5mm、40.0mm、63.0mm、80.0mm方孔筛各一只，根据需要选用；

（5）卡尺。

二、试样制备

试验前，将试样在室内风干至表面干燥，并用四分法缩分至表4-8规定的数量称取质量（m_0），然后筛分成表4-9所规定的粒级备用。

表4-8　骨料针、片状试验试样质量

骨料公称粒径（mm）	10.0	16.0	20.0	25.0	31.5	≥40.0
试样质量不少于（kg）	0.3	1.0	2.0	3.0	5.0	10.0

表 4-9　不同粒级针、片状规准仪判别标准

粒级（mm）	5~10	10~16	16~20	20~25	25~31.5	31.5~40
片状规准仪上相对应的孔宽（mm）	2.8	5.1	7.0	9.1	11.3	13.8
针状规准仪上相对应的间距（mm）	17.1	30.6	42.0	54.6	69.6	82.8

三、试验步骤

（1）按表 4-8 所规定的粒级用规准仪逐粒对试样进行鉴定，凡颗粒长度大于针状规准仪上相对应间距者，为针状颗粒。厚度小于片状规准仪上相应孔宽者，为片状颗粒。

（2）粒径大于 40mm 的碎石或卵石可用卡尺鉴定其针片状颗粒，卡尺卡口的设定宽度应符合表 4-10 的规定。

表 4-10　大于 40mm 粒级颗粒卡尺卡口的设定宽度

粒径（mm）	40~63	63~80
鉴定片状颗粒的卡口宽度（mm）	18.1	27.6
鉴定针状颗粒的卡口宽度（mm）	108.6	165.6

（3）称量由各粒级挑出的针状和片状颗粒的总质量（m_1）。

四、结果计算

碎石或卵石中针、片状颗粒含量 ω_p（%）应按式（4-13）计算（精确至 0.1%）：

$$\omega_p = \frac{m_1}{m_0} \times 100\% \qquad (4-13)$$

式中　ω_p——试样中针、片状颗粒含量，%；

m_1——试样中所含针、片状颗粒的总质量，g；

m_0——试样总质量，g。

第九节　岩石抗压强度检测

一、主要仪器设备

（1）压力试验机：荷载 1000kN；

（2）石材切割机或钻石机；

（3）岩石磨光机；

（4）游标卡尺、角尺等。

二、试样制作

试验时，取有代表性的岩石样品用石材切割机割成边长为 50mm 的立方体，或用钻石机钻取直径与高度均为 50mm 的圆柱体。然后用磨光机把试件与压力机压板接触的两

个面磨光并保持平行，试件形状须用角尺检查。

至少应制作6个试块。对有显著层理的岩石，应取两组试件（12块）分别测定其垂直和平行于层理的强度值。

三、检测步骤

（1）用游标卡尺量取试件的尺寸（精确至0.1mm）。对于立方体试件，在顶面和底面上各量取其边长，以各个面上相互平行的两个边长的算术平均值作为宽或高，由此计算面积。对于圆柱体试件，在顶面和底面上各量取相互垂直的两个直径，以其算术平均值计算面积。取顶面和底面面积的算术平均值作为计算抗压强度所用的截面积。

（2）将试件置于水中浸泡48h，水面应至少高出试件顶面20mm。

（3）取出试件，擦干表面，放在压力机上进行强度试验。试验时加压速率应为每秒钟0.5～1MPa。

四、结果计算

岩石的抗压强度 f（MPa）应按式（4-14）计算（精确至1MPa）：

$$f = \frac{F}{A} \tag{4-14}$$

式中　F——破坏荷载，N；

　　　A——试件的截面积，mm²。

五、结果评定

取六个试件试验结果的算术平均值作为抗压强度测定值，如六个试件中的两个与其他四个试件抗压强度的算术平均值相差在三倍以上时，则取试验结果相接近的四个试件的抗压强度算术平均值作为抗压强度测定值。

对具有显著层理的岩石，其抗压强度应取垂直于层理及平行于层理的抗压强度的平均值。

混凝土用骨料实训报告

送检试样：_____ 委托编号：_____

委托单位：_____ 试验委托人：_____

工程名称：_____

一、送检试样资料

品种标号：_____ 厂别牌号：_____

出厂日期：_____ 进场日期：_____

代表数量：_____ 来样日期：_____

二、试验内容

_____

_____

_____

_____

三、主要仪器设备及规格型号

_____

_____

_____

_____

四、试验记录

试验日期：_____

（一）砂试验内容

1. 砂的筛分析试验

执行标准：_____

	筛孔尺寸（mm）	5.00	2.50	1.25	0.63	0.315	0.16	筛底	细度模数 μ_f
第一次筛分	筛余量（g）								
	分计筛余百分率 a_i（%）								
	累计筛余百分率 β_i（%）								

69

续表

	筛孔尺寸（mm）	5.00	2.50	1.25	0.63	0.315	0.16	筛底	细度模数 μ_f
第二次 筛分	筛余量（g）								
	分计筛余百分率 a_i（%）								
	累计筛余百分率 β_i（%）								
细度模数平均值									

级配曲线图（标准图）

请将该砂级配曲线绘制在标准图中。

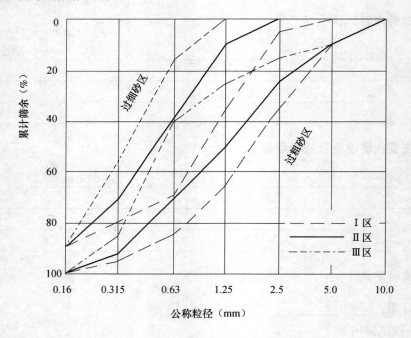

结论：该砂样属于_____砂；级配情况：_____

2. 砂的含泥量

执行标准： _____

编号	试样原质量（g）	洗净烘干质量（g）	含泥量（%）	平均值（%）	结　论
1					
2					

3. 砂的泥块含量
执行标准：＿＿＿＿＿＿＿＿＿＿＿＿＿＿＿

编号	试样原质量（g）	洗净烘干质量（g）	泥块含量（%）	平均值（%）	结 论
1					
2					

4. 砂的表观密度
执行标准：＿＿＿＿＿＿＿＿＿＿＿＿＿＿＿

编号	试样烘干质量 m_0（g）	水和容量瓶质量 m_2（g）	试样水及容量瓶质量 m_1（g）	修正系数 α_t	表观密度 ρ_0（kg/m³）	表观密度平均值（kg/m³）
1						
2						

结论

5. 砂的堆积密度
执行标准：＿＿＿＿＿＿＿＿＿＿＿＿＿＿＿

编号	容量筒容积 V（L）	容量筒质量 m_1（kg）	容量筒和砂质量 m_2（kg）	堆积密度 ρ_L（kg/m³）	堆积密度平均值（kg/m³）
1					
2					

结论

（二）碎（卵）石试验
1. 碎（卵）石筛分析试验
执行标准：＿＿＿＿＿＿＿＿＿＿＿＿＿＿＿

筛孔尺寸（mm）	筛余量（kg）	分计筛余百分率 a_i（%）	累计筛余百分率 A_i（%）
100.0			
80.0			
63.0			
40.0			
31.5			

筛孔尺寸（mm）	筛余量（kg）	分计筛余百分率 a_i（%）	累计筛余百分率 A_i（%）
25.0			
20.0			
16.0			
10.0			
5.00			
2.50			
筛底			

结果评定

最大粒径 D_{max}：_____mm；　级配情况：_____

2. 粗骨料含水率试验

执行标准：_____

编号	烘干前试样和容器总重 m_1（g）	烘干后试样和容器总重 m_2（g）	容器质量 m_3（g）	骨料含水率 w_{wc}（%）	平均值	结　论
1						
2						

3. 粗骨料吸水率试验

执行标准：_____

编号	烘干后试样和浅盘的总质量 m_1（g）	烘干前饱和面干试样和浅盘的总质量 m_2（g）	浅盘的质量 m_3（g）	吸水率 w_{wa}（%）	平均值（%）
1					
2					

4. 碎（卵）石表观密度试验

执行标准：_____

编号	试样烘干质量 m_0（g）	吊篮在水中的质量 m_1（g）	吊篮和试样在水中的质量 m_2（g）	表观密度温度修正系数 α_t	表观密度 ρ（kg/m³）	平均值 $\bar{\rho}$（kg/m³）
1						
2						

结论：

5. 碎（卵）石堆积密度试验

执行标准：＿＿＿＿＿＿＿＿＿＿＿＿＿＿＿＿＿＿＿

编号	容量筒容积 V（L）	容量筒质量 m_1（kg）	试样和容量筒质量 m_2（kg）	堆积密度 ρ_L（kg/m³）	平均值 $\bar{\rho}_L$（kg/m³）
1					
2					

结论：

6. 碎（卵）石中针状和片状颗粒的总含量试验

执行标准：＿＿＿＿＿＿＿＿＿＿＿＿＿＿＿＿＿＿＿

编号	试样总质量 m_0（g）	各粒级针、片状颗粒总量 m_1（g）	针、片状颗粒含量 ω_p（%）	平均值（%）	结论
1					
2					

7. 岩石抗压强度试验

执行标准：＿＿＿＿＿＿＿＿＿＿＿＿＿＿＿＿＿＿＿

编号	1	2	3	4	5	6	平均值	结论
试件截面积（mm²）								
破坏荷载（N）								
抗压强度（MPa）								

备注及问题说明：

审核（签字）：＿＿＿＿＿＿＿　审批（签字）：＿＿＿＿＿＿＿　试验（签字）：＿＿＿＿＿＿＿

检测单位（盖章）＿＿＿＿＿＿＿＿

报告日期：　　年　　月　　日

注：本表一式四份（建设单位、施工单位、试验室、城建档案馆存档各一份）

第五章 普通混凝土性能检测

第一节 普通混凝土试验基本规定

一、普通混凝土性能检测的一般规定

1. 普通混凝土必试项目

稠度和抗压强度试验。

2. 执行标准

《混凝土结构工程施工质量验收规范》GB 50204—2002。

《普通混凝土配合比设计规程》JGJ 55—2000。

《混凝土质量控制标准》GB 50164—1992。

《混凝土强度检验评定标准》GBJ 107—1987。

《普通混凝土拌合物性能试验方法标准》GB/T 50080—2002。

《普通混凝土力学性能试验方法标准》GB/T 50081—2002。

二、取样方法

混凝土立方体抗压强度试验应以三个试件为一组，每组试件所用的拌合物根据不同要求应从同一盘搅拌或同一车运送的混凝土中取出，或在试验室用机械或人工单独拌制。用以检验现浇混凝土工程或预制构件质量的试件分组及取样原则应按现行《混凝土结构工程施工质量验收规范》（GB 50204—2002）以及其他有关规定执行。具体要求如下：

（1）每拌制 100 盘且不超过 100m³ 的同配合比的混凝土取样不得少于一次。

（2）每工作班拌制的同一配合比的混凝土不足 100 盘时，取样不得少于一次。

（3）当一次连续浇筑超过 1000m³ 时，同一配合比的混凝土每 200m³ 取样不得少于一次。

（4）每一楼层、同一配合比的混凝土取样不得少于一次。

（5）每次取样应至少留置一组标准养护试件，同条件养护试件的留置组数应根据实际需要确定。

三、试件制作和养护

（1）试验室拌制的混凝土制作试件时，其材料用量以质量计，称量的精度为：水泥、水和外加剂均为 ±0.5%；骨料为 ±1%。拌合用的骨料应提前送入室内，拌合时试

验室的温度应保持在 20±5℃。施工（生产）单位拌制的混凝土，其材料用量也应以质量计，各组成材料计算结果的偏差：水泥、水和外加剂均为±2%，骨料为±3%。

（2）所有试件应在取样后立即制作，试件的成型方法应根据混凝土的稠度而定。坍落度不大于 70mm 的混凝土，宜用振动台振实；坍落度大于 70mm 的宜用捣棒人工捣实。

（3）制作试件的试模由铸铁或钢制成，应具有足够的刚度并拆装方便。试模的内表面应机械加工，其不平度应为每 100mm 不超过 0.05mm。组装后各相邻面的不垂直度不应超过±0.5°。制作试件前应将试模擦干净并在其内壁涂上一层矿物油脂或其他脱模剂。

（4）采用振动台成型时，应将混凝土拌合物一次装入试模，装料时应用抹刀沿试模内壁略加插捣并使混凝土拌合物高出试模上口。振动时应防止试模在振动台上自由跳动，振动应持续到混凝土表面出浆为止，刮除多余的混凝土，并用抹刀抹平。

（5）人工插捣时，混凝土拌合物应分两层装入试模，每层的装料厚度大致相等。插捣用的钢制捣棒长为 650mm，直径为 16mm，端部应磨圆。插捣应按螺旋方向从边缘向中心均匀进行，插捣底层时，捣棒应达到试模表面，插捣上层时，捣棒应穿入下层深度为 20~30mm，插捣时捣棒应保持垂直，不得倾斜。同时，还应用抹刀沿试模内壁插入数次。每层的插捣次数应根据试件的截面而定，一般每 100cm² 截面积不应少于 12 次。插捣完后，刮除多于混凝土，并用抹刀抹平。

（6）标准养护的试件成型后应覆盖表面，以防止水分蒸发，并应在 20±5℃情况下静置 24~48h，然后编号拆模。

拆模后的试件应立即放在温度为 20±2℃，湿度为 95% 以上的标准养护室内养护。在标准养护室内，试件应放在架上，彼此间隔为 10~20mm，并应避免用水直接冲淋试件。

当无标准养护室时，混凝土试件可在温度为 20±2℃的不流动的氢氧化钙饱和溶液中养护。

（7）混凝土试件一般标准养护到 28d（由成型时算起）进行试验。但也可按工程要求（如需确定拆模、起吊、施加预应力或承受施工荷载等时的力学性能）养护到所需的龄期。

四、混凝土的拌合方法

1. 人工拌合

（1）按规定比例备料。

（2）将拌板和拌铲用湿布润湿后，将砂倒在拌板上，然后加入水泥，用铲自拌板一边翻至另一边，如此重复翻拌，直至材料充分混合，颜色均匀；再加上石料翻拌至混合均匀为止。

（3）将拌好的干混合料堆成堆，在中间作一凹槽，将已称量好的水倒一半在凹槽中（勿使水流出），然后仔细翻拌，并徐徐加入剩余的水，继续翻拌，每翻拌一次，用铲在拌合物上铲切一次，直到拌合均匀为止。

（4）拌合时力求动作敏捷，拌合时间从加水时算起，应大致符合下列规定：
拌合物体积为 30L 以下时，4~5min。

拌合物体积为 30 ~ 50L 时，5 ~ 9min；

拌合物体积超过 50L 时，9 ~ 12min。

（5）拌合物拌好后，根据检测要求，应立即做拌合物的性能试验或试件成型。从开始加水时算起，全部操作须在 30min 内完成。

2. 机械搅拌

（1）按规定比例配合比备料。

（2）预拌一次，即用按配合比称量的水泥、砂和水组成的砂浆及少量石子，在搅拌机中进行挂浆，然后倒出并刮去多余的砂浆。其目的是使水泥砂浆粘附满搅拌机的筒壁，以免正式拌合时影响拌合物的配合比。

（3）开动搅拌机，向搅拌机内依次加入石子、砂和水泥，干拌均匀，再将水徐徐加入，全部加料时间不应超过 2min，待水全部加入后继续搅拌 2min。

（4）将拌好的拌合物自搅拌机中卸出，倾倒在拌板上，再经人工拌合 1 ~ 2min，即可做拌合物的各项性能试验或试件成型。从开始加水时算起，全部操作必须在 30min 内完成。

第二节　普通混凝土拌合物稠度检测

一、坍落度与坍落扩展度法

本法适用于骨料最大粒径不大于 40mm、坍落度不小于 10mm 的混凝土拌合物稠度测定。每盘混凝土的最小搅拌量应符合表 5-1 的规定。

表 5-1　混凝土试配的最小搅拌量

骨料最大粒径（mm）	拌合物数量（L）
31.5 及以下	15
40	25

1. 主要仪器设备

（1）坍落度筒：用 1.5mm 厚的薄钢板或其他金属制成的圆台形筒（如图 5-1 所示）。其内壁应光滑、无凹凸部位。底面和顶面应相互平行并与锥体的轴线垂直。在坍落筒外 2/3 高度处安两个把手，下端应焊脚踏板。筒的内部尺寸为：

底部直径：200mm；顶部直径：100mm；

高度：300mm；筒壁厚度不小于 1.5mm。

（2）捣棒：直径为 16mm、长 650mm 的钢棒，端部应磨圆。

（3）小铲、木尺、钢尺、拌板、镘刀等。

2. 试验步骤

（1）用湿布润湿坍落度筒及其他用具，并把坍

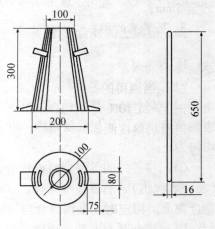

图 5-1　坍落度筒及捣棒

落度筒放在不吸水的刚性水平底板上，然后用脚踩住两边的脚踏板，使坍落度筒在装料时保持位置固定。

（2）把按要求拌好的混凝土拌合物试样用小铲分成三层均匀地装入筒内，使捣实后每层试样高度为筒高的三分之一左右。每层用捣棒插捣 25 次。插捣时应沿螺旋方向由外围向中心进行，各次插捣应在截面上均匀分布。插捣筒边的混凝土试样时，捣棒可以稍稍倾斜；插捣底层时，捣棒应贯穿整个深度；插捣第二层和顶层时，捣棒应插透本层至下一层的表面。

浇灌顶层时，应将混凝土拌合物灌至高出筒口。插捣过程中，如混凝土拌合物沉落到低于筒口，则应随时添加。顶层插捣完毕后，刮去多余的混凝土拌合物并用抹刀抹平。

（3）清除筒边底板上的混凝土后，垂直平稳地提起坍落度筒。坍落度筒的提高过程应在 5～10s 内完成。

从开始装料到提起坍落度筒的整个过程应不间断地进行，并应在 150s 内完成。

（4）提起坍落度筒后，立即量测筒高与坍落后混凝土拌合物试体最高点之间的高差，即为该混凝土拌合物的坍落度值（mm）。

（5）坍落度筒提高后，如试体发生崩坍或一边剪坏现象，则应重新取样进行测定。如第二次仍出现这种现象，则表示该拌合物和易性不好，应予以记录备查。

（6）测定坍落度后，观测拌合物的下述性质，并记入记录：

①粘聚性：用捣棒在已坍落的拌合物锥体侧面轻轻击打，如果锥体逐渐下沉，表示拌合物粘聚性良好；如果锥体倒塌，部分崩裂或出现离析，即为粘聚性不好。

②保水性：提起坍落度筒后如有较多的稀浆从锥体底部析出，锥体部分的拌合物也因失浆而骨料外露，则表明拌合物保水性不好；如无这种现象，则表明保水性良好。

（7）当混凝土拌合物的坍落度大于 220mm 时，用钢尺测量混凝土扩展后最终的最大直径和最小直径，在这两个直径之差小于 50mm 的条件下，用其算术平均值作为坍落扩展度值。

（8）混凝土拌合物坍落度和坍落扩展度值以 mm 为单位，精确至 1mm，结果表达修约至 5mm。

3. 坍落度的调整

（1）在按初步计算备好试样的同时，另外还需备好两份为坍落度调整用的水泥与水，备用的水泥与水的比例应符合原定的水灰比，其数量可各为原来用量的 5% 与 10%。

（2）当测得的拌合物坍落度达不到要求，或粘聚性、保水性认为不满意时，可掺入备用的 5% 或 10% 的水泥与水；当坍落度过大时，可酌情增加砂和石子，尽快拌合均匀，重新进行坍落度测定。

二、维勃稠度法

本方法适用于骨料最大粒径不大于 40mm，维勃稠度在 5～30s 之间的混凝土拌合物稠度测定。测定时需配制拌合物约 15L。

1. 主要仪器设备

维勃稠度仪（图 5-2），由以下部分组成：

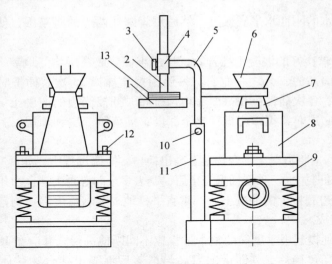

图 5-2　维勃稠度仪

1—透明圆盘；2—测杆；3—测杆螺丝；4—套筒；5—旋转架；6—喂料斗；7—坍落度筒；
8—容器；9—振动台；10—定位螺丝；11—支柱；12—固定螺丝；13—荷重

振动台：台面长 380mm，宽 260mm，振动频率在 50±3Hz，装有空容器时台面的振幅应为 0.5±0.1mm。

容器：内径 240mm，高 200mm。

旋转架：与测杆及喂料斗相连。测杆下部安装有透明且水平的圆盘。透明圆盘直径为 230mm，厚度为 10mm。由测杆、圆盘及荷重块组成的滑动部分总质量为 2750±50g。

无脚踏板的坍落度筒及捣棒。

其他用具与坍落度法检测时相同。

2. 检测步骤

（1）将维勃稠度仪放置在坚实水平的地面上，用湿布把容器、坍落度筒、喂料斗内壁及其他用具润湿。将喂料斗提到坍落度筒上方扣紧，校正容器位置，使其中心和喂料斗中心重合，然后拧紧固定螺丝。

（2）将拌好的拌合物用小铲分三层经喂料斗均匀地装入坍落度筒内，装料及插捣的方法与坍落度检测时相同。

（3）将喂料斗转离，垂直地提起坍落度筒，此时应注意不使混凝土试体产生横向的扭动。

（4）将透明圆盘转到混凝土圆台体顶面，放松测杆螺丝，降下圆盘，使其轻轻地接触到混凝土试体顶面，拧紧定位螺丝并检查测杆螺丝是否已完全放松。

（5）在开启振动台的同时用秒表计时，当振动到透明圆盘的底部被水泥布满的瞬间停止计时，并关闭振动台电机开关。由秒表读出的时间（精确至1s）即为该混凝土拌合物的维勃稠度值。

第三节 普通混凝土拌合物表观密度检测

测定混凝土拌合物捣实后的单位体积质量（即表观密度）。

一、主要仪器设备

（1）容量筒：金属制成的圆筒，两旁装有手把。对骨料最大粒径不大于 40mm 的拌合物采用容积为 5L 的容量筒，其内径与筒高均为 186±2mm，筒壁厚为 3mm，骨料最大粒径大于 40mm 时，容量筒的内径与筒高均应大于骨料最大粒径的 4 倍。容量筒上缘及内壁应光滑平整，顶面与底面应平行并与圆柱体的轴垂直。

（2）磅秤：称量 50kg，感量 50g。

（3）振动台：频率应为 50±3Hz，空载时的振幅应为 0.5±0.1mm。

（4）捣棒：直径 16mm，长 650mm 的钢棒，端部磨圆。

二、试验步骤

（1）用湿布把容量筒内外擦干净，称出容量筒质量，精确至 50g。

（2）混凝土的装料及捣实方法应根据拌合物的稠度而定。坍落度不大于 70mm 的混凝土，用振动台振实为宜，大于 70mm 的用捣棒捣实为宜。

采用捣棒捣实时，应根据容量筒的大小决定分层与插捣次数。用 5L 容量筒时，混凝土拌合物应分两层装入，每层的插捣次数应为 25 次。用大于 5L 的容量筒时，每层混凝土的高度不应大于 100mm，每层的插捣次数应按每 100cm² 截面不小于 12 次计算。每次插捣应均匀地分布在每层截面上，插捣底层时捣棒应贯穿整个深度，插捣第二层时，捣棒应插透本层至下一层的表面。每一层捣完后，用橡皮锤轻轻沿容器外壁敲打 5~10 次，直至拌合物表面插捣孔消失并不见大气泡为止。

采用振动台振实时，应一次将混凝土拌合物灌到高出容量筒口。装料时可用捣棒稍加插捣，振动过程中如混凝土低于筒口，则应随时添加混凝土，振动直至表面出浆为止。

（3）用刮尺将筒口多余的混凝土拌合物刮去，表面如有凹陷应填平。将容量筒外壁擦净，称出混凝土试样与容量筒总质量，精确至 50g。

三、混凝土拌合物的表观密度计算

混凝土拌合物表观密度 ρ_0（kg/m³）应按式（5-1）计算：

$$\rho_0 = \frac{m_2 - m_1}{V} \times 1000 \qquad (5\text{-}1)$$

式中 m_1——容量筒质量，kg；

    m_2——容量筒及试样总质量，kg；

    V——容量筒容积，L。

试验结果的计算精确到 10kg/m³。

容量筒容积应经常予以校正，校正方法可采用一块能覆盖住容量筒顶面的玻璃板，先称出玻璃板和空桶的质量，然后向容量筒中灌入清水，灌到接近上口时，一边不断加水，一边把玻璃板沿筒口徐徐推入盖严。应注意使玻璃板下不带任何气泡，然后擦净玻璃板面及筒壁外的水分，将容量筒连同玻璃板放在台秤上称重，两次称重之差（以 kg 计）即为容量筒的容积（L）。

第四节 普通混凝土立方体抗压强度检测

测定混凝土立方体抗压强度，并以此作为评定混凝土强度等级的依据。普通混凝土立方体抗压强度检测所用立方体试件是以同一龄期者为一组，每组至少三个同时制作并共同养护的混凝土试件。试件尺寸按骨料的最大粒径规定，见表5-2。

表 5-2　不同骨料最大粒径选用的试件尺寸、插捣次数及强度换算系数

试件尺寸（mm）	骨料最大粒径（mm）	每层插捣次数	抗压强度换算系数
$100 \times 100 \times 100$	31.5	12	0.95
$150 \times 150 \times 150$	40	25	1.0
$200 \times 200 \times 200$	63	50	1.05

一、主要仪器设备

1. 压力试验机

混凝土立方体抗压强度试验所采用试验机的精度（示值的相对误差）应不低于 $\pm 1\%$，其量程应能使试件的预期破坏荷载值不小于全量程的 20%，也不大于全量程的 80%。试验机应按照计量仪表使用规定进行定期检查，以确保其工作的准确性和灵敏性。

试验机上下压板及试件之间可各垫以钢垫板，其平面尺寸大于试件的承压面积。

2. 试模

由铸铁或钢制成，应具有足够的刚度并拆装方便。试模内表面应进行机械加工，其不平整度应为每 100mm 不超过 0.05mm，组装后各相邻面的不垂直度不应大于 0.5°。

3. 振动台

由铸铁或钢制成，振动频率为 $50 \pm 3\,Hz$，空载振幅约为 0.5mm。

4. 其他

捣棒、小铁铲、金属直尺、馒刀等。

二、试件的制作

（1）每组试件所用的混凝土拌合物应从同一批拌合而成的拌合物中取用。

（2）制作前，应将试模擦拭干净并在其内表面涂以一薄层矿物油脂或隔离剂。

（3）坍落度不大于 70mm 的混凝土用振动台振实。将拌合物一次装入试模，并稍有富余，然后将试模放在振动台上，用固定装置予以固定。开动振动台至拌合物表面呈现出水泥浆状态时为止，记录振动时间。振动结束后用镘刀沿试模边缘将多余的拌合物刮去，并随即用镘刀将表面抹平。

（4）坍落度大于 70mm 的混凝土试样，装入试模后采用人工捣实方法。将混凝土拌合物分两层装入试模，每层厚度大致相等。插捣时按螺旋方向从边缘向中心均匀进行。插捣底层时，捣棒应达到试模底面；插捣上层时，捣棒应穿入下层深度约 20 ~ 30mm。插捣时捣棒应保持垂直不得倾斜，并用镘刀沿试模内壁插入数次，以防止试件产生麻面。每层插捣次数详见表 5-2。一般每 100cm² 面积上应不少于 12 次，然后刮除多余的混凝土拌合物，将试模表面用镘刀抹平。

三、试件的养护

（1）养护的试件成型后应用湿布覆盖其表面，防止水分蒸发，并应在温度为 $20 \pm 5 ℃$ 的条件下静置 1 ~ 2 昼夜，然后编号拆模。

（2）拆模后的试件应立即放在温度为 $20 \pm 2 ℃$、湿度为 95% 以上的标准养护室中养护。在标准养护室内试件应放在架上，彼此间隔为 10 ~ 20mm，并应注意避免用水直接冲淋试件以保持其表面特征。

（3）无标准养护室时，混凝土试件可在温度为 $20 \pm 2 ℃$ 的不流动的 $Ca(OH)_2$ 饱和溶液中养护。

（4）与构件同条件养护的试件成型后，应将其表面覆盖并洒水。试件的拆模时间可以和实际构件的拆模时间相同。拆模后，试件仍需保持同条件养护。

四、检测步骤

（1）试件自养护室取出后，应及时进行试验，将试件表面与上下承压板面擦干净。

（2）将试件安装在下承压板上，试件的承压面应与试件成型时的顶面垂直；试件的中心应与试验机下承压板中心对准。开动试验机，当上压板与试件接近时，调整球座，使上、下压板与试件上、下表面实现均衡接触。

（3）加压检测时应保持连续而均匀的加荷，当混凝土强度等级 <C30 时，加荷速度取每秒钟 0.3 ~ 0.5MPa；混凝土强度等级 ≥C30 且 <C60 时，取每秒钟0.5 ~ 0.8MPa；混凝土强度等级 ≥C60 时，取每秒钟 0.8 ~ 1.0MPa。当试件接近破坏而开始迅速变形时，停止调整试验机油门，直至试件破坏，此时记录破坏荷载 F（N）。

五、结果计算

1. 抗压强度计算

混凝土试件的抗压强度计算按式（5-2）计算：

$$f_{cc} = \frac{F}{A} \qquad\qquad (5\text{-}2)$$

式中　f_{cc}——混凝土立方体试件抗压强度，MPa；

　　　　F——破坏荷载，N；

　　　　A——承压面积，mm^2。

2. 结果评定

以三个试件的抗压强度算术平均值作为该组混凝土试件的抗压强度值（精确至 0.1MPa）。

如果三个测定值中的最小值或最大值中有一个与中间值差异超过中间值的 15%，则计算时把最大值与最小值一并舍除，取中间值作为该组试件的抗压强度值。如果最大值和最小值与中间值的差均超过中间值的 15%，则该组检测结果作废。

3. 强度换算

混凝土的抗压强度是以 150mm×150mm×150mm 的立方体试件的抗压强度作为标准，其他尺寸的试件测定结果均应换算成边长为 150mm 的立方体试件的标准抗压强度。换算时应分别乘以表 5-2 中所规定的换算系数。

第五节　混凝土抗折强度检测

一、主要仪器设备

抗折试验所用的试验机可采用抗折试验机、万能试验机或带有抗折试验架的压力试验机，所有这些试验机均应带有能使两个相等的荷载同时作用在小梁跨度三分点处的装置。试验机的精度（示值的相对误差）至少应为 ±1%。其量程应能使试件的预期破坏荷载值不小于全量程的 20%，也不大于全量程的 80%。

试验机与试件接触的两个支座和两个加压头应具有直径为 20~40mm 的弧形顶面，并应至少比试件的宽度长 10mm。支座立脚点固定铰支，其他应为滚动支点。

二、试件制作

当混凝土强度等级≥C60 时，宜采用 150mm×150mm×600（或者 550）mm 的棱柱体标准试件。

当采用 100mm×100mm×400mm 非标准试件时，应乘以尺寸换算系数 0.85。

三、检测步骤

（1）试件从养护地点取出后应及时进行试验。试验前，试件应保持与原养护地点相似的干湿状态。先将试件擦拭干净，量测尺寸，并检查外观。试件尺寸测量精确至 1mm，并据此进行强度计算。

试件不得有明显的缺损。在试件中部 1/3 的受拉区内，不得有表面直径超过 5mm 且深度超过 2mm 的孔洞。试件承压区及支撑区接触线的不平整度应为每 100mm 不超过 0.05mm。

（2）按图 5-3 的要求调整支撑架及压头的位置，其所有间距的尺寸偏差不应大于 ±1mm。

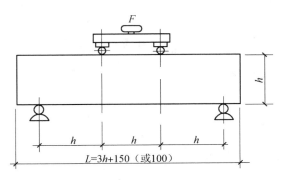

图 5-3　抗折试验示意图

将试件在试验机的支座上放稳对中，承压面应选择试件成型时的侧面。开动试验机，当加压头与试件快接近时，调整加压头及支座，使接触均衡。如加压头及支座均不能前后倾斜，则各接触不良之处应予垫平。

试件的试验应连续而均匀地加荷，混凝土强度等级 < C30 时，加荷速度取 0.02 ~ 0.05MPa/s；混凝土强度等级 ≥ C30 且 < C60 时，取 0.05 ~ 0.08MPa/s。当混凝土强度等级 ≥ C60 时，取 0.08 ~ 0.10MPa/s。当试件接近破坏时，应立即停止调整油门，直至试件破坏，记录破坏荷载及破坏位置。

四、抗折强度计算与结果评定

试件破坏时如折断面位于两个集中荷载之间时，抗折强度应按式（5-3）计算，精确至 0.1MPa：

$$f_f = \frac{FL}{bh^2} \tag{5-3}$$

式中　f_f——混凝土抗折强度，MPa；

　　　F——破坏荷载，N；

　　　L——支座间距，mm；

　　　b——试件截面宽度，mm；

　　　h——试件截面高度，mm。

以三个试件测值的算术平均值作为该组试件的抗折强度值。三个测值中的最大值或最小值中如有一个与中间值的差值超过中间值的 15%，则把最大值及最小值一并舍除，取中间值作为该组试件的抗折强度值。如有两个测值与中间值的差值均超过中间值的 15%，则该组试件的试验结果无效。

三个试件中如有一个折断面位于两个集中荷载之外（以受拉区为准），则该试件的试验结果应予舍弃，混凝土抗折强度按另外两个试件的试验结果计算，若这两个测值的差值不大于这两个测值的较小值的15%时，则该组试件的抗折强度值按这两个测值的平均值计算，否则该组试验无效。如有两个试件的折断位置位于两个集中荷载之外，该组试验无效。

第六节　混凝土劈裂抗拉强度检测

测定混凝土试件的劈裂抗拉强度，评定其抗裂性能。

一、主要仪器设备

1. 试验机

与混凝土抗压强度检测所用设备要求相同。

2. 试模

与混凝土抗压强度检测所用设备要求相同。

3. 垫块

采用直径为75mm的钢制弧形垫块，其长度与试件相同，横截面尺寸如图5-4（a）所示。

4. 垫条

垫条应为三合板。宽度20mm；厚度为3~4mm，长度不小于试件边长。垫条不得重复使用。

5. 支架

支架为钢支架，如图5-4（b）所示。

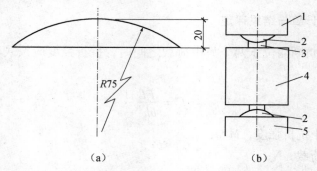

图5-4　混凝土劈裂抗拉试验装置图

(a) 垫块；(b) 支架

1、5—压力机上、下压板；2—垫块；3—垫条；4—试件

二、检测步骤

（1）试件从养护地点取出后，应及时进行检测。在试验前应使试件保持与原养护地点相同的干湿状态。

（2）检测前先将试件表面擦拭干净，在试件侧面中部画线定出劈裂面的位置，劈裂面应与试件成型时的顶面垂直。

（3）测量试件劈裂面的边长（精确至1mm），并据此计算试件的劈裂面积。如实测尺寸与公称尺寸之差不得超过1mm，可按公称尺寸计算劈裂面积。

（4）将试件放在压力机下承压板的中心部位，在上下承压板与试件之间加垫条和垫块各一条，垫条与垫块应与试件成型时的顶面垂直，并与试件上、下面的中心线对准，如图5-4所示。

（5）加荷时注意必须连续而均匀的进行，使荷载通过垫条均匀地传至试件上。当混凝土强度等级 ＜ C30 时，加荷速度取 0.02～0.05MPa/s；当混凝土强度等级 ≥ C30 且 ＜C60时，取 0.05～0.08MPa/s；当混凝土强度等级 ≥C60 时，取 0.08～0.10MPa/s。

当试件接近破坏时，应停止调整试验机油门，直至试件破坏，然后记录下破坏荷载。

三、结果计算

（1）混凝土试件的劈裂抗拉强度可按式（5-4）计算（精确至0.01MPa）：

$$f_{ts} = \frac{2F}{\pi A} = 0.637\frac{F}{A} \tag{5-4}$$

式中　f_{ts}——混凝土劈裂抗拉强度，MPa；

　　　F——破坏荷载，N；

　　　A——试件劈裂面面积，mm^2。

（2）以三个试件测定值的算术平均值作为该组试件的劈裂抗拉强度值，其异常数据的取舍原则同混凝土抗压强度检测的相关要求。

（3）采用边长为150mm的立方体试件作为混凝土劈裂抗拉强度检测的标准试件，如采用边长为100mm的立方体试件，则测得的结果应乘以换算系数0.85。

第七节　普通混凝土配合比设计与检验

一、混凝土配合比的计算

混凝土配合比计算时其计算公式和有关参数表格中的数值均系以干燥状态骨料为基准，当以饱和面干骨料为基准进行计算时则应做相应的修正。

干燥状态骨料系指含水率小于0.5%的细骨料或含水率小于0.2%的粗骨料。

1. 计算配制强度 $f_{cu,0}$

混凝土配制强度应按式（5-5）计算：

$$f_{cu,0} \geqslant f_{cu,k} + 1.645\sigma \tag{5-5}$$

式中　$f_{cu,0}$——混凝土配制强度，MPa；

$f_{cu,k}$——混凝土立方体抗压强度标准值，MPa；

σ——混凝土强度标准差，MPa。

2. 计算水灰比 W/C

混凝土强度等级小于 C60 级时，水灰比 W/C 按式（5-6）计算：

$$\frac{W}{C} = \frac{\alpha_a \cdot f_{ce}}{f_{cu,0} + \alpha_a \alpha_b f_{ce}} \tag{5-6}$$

式中 α_a，α_b——回归系数；

f_{ce}——水泥 28d 抗压强度实测值，MPa。

（1）水泥实测强度值 f_{ce} 的确定

当无水泥 28d 抗压强度实测值时，式（5-6）中的 f_{ce} 值可按式（5-7）确定：

$$f_{ce} = \gamma_c \cdot f_{ce,g} \tag{5-7}$$

式中 γ_c——水泥强度等级值的富余系数，可按实际统计资料确定；

$f_{ce,g}$——水泥强度等级值，MPa。

f_{ce} 值也可根据 3d 强度或快测强度推定 28d 强度关系式推定得出。

（2）回归系数 α_a、α_b 的确定

①回归系数 α_a、α_b 应根据工程所使用的水泥、骨料，通过试验由建立的水灰比与混凝土强度关系式确定。

②当不具备上述试验统计资料时，其回归系数可按表 5-3 选用。

表 5-3 回归系数 α_a、α_b 选用表

系　数	石子品种	碎　石	卵　石
α_a		0.46	0.48
α_b		0.07	0.33

3. 每立方米混凝土用水量（m_{w0}）的确定

（1）干硬性和塑性混凝土用水量的确定

①水灰比在 0.40 ~ 0.80 范围时，根据粗骨料的品种、粒径及施工要求的混凝土拌合物稠度，其用水量可按表 5-4 和表 5-5 选取。

表 5-4 干硬性混凝土的用水量　　　　　　　　　　　　　　　kg/m³

拌合物稠度		卵石最大粒径（mm）			碎石最大粒径（mm）		
项目	指标	10	20	40	16	20	40
维勃稠度（s）	16 ~ 20	175	160	145	180	170	155
	11 ~ 15	180	165	150	185	175	160
	5 ~ 10	185	170	155	190	180	165

表 5-5　塑性混凝土的用水量　　　　　　　　　　kg/m³

拌合物稠度		卵石最大粒径（mm）				碎石最大粒径（mm）			
项目	指标	10	20	31.5	40	16	20	31.5	40
坍落度（mm）	10~30	190	170	160	150	200	185	175	165
	35~50	200	180	170	160	210	195	185	175
	55~70	210	190	180	170	220	205	195	185
	75~90	215	195	185	175	230	215	205	195

注：1. 本表用水量系采用中砂时的平均取值。采用细砂时，每立方米混凝土用水量可增加 5~10kg；用粗砂时则可减少 5~10kg。

　　2. 掺用各种外加剂或掺合料时用水量应相应调整。

②水灰比小于 0.40 的混凝土以及采用特殊成型工艺的混凝土用水量应通过试验确定。

（2）流动性或大流动性混凝土的用水量的计算

①以表 5-5 中坍落度 90mm 的用水量为基础，按坍落度每增大 20mm 用水量增加 5kg，计算出未掺外加剂时的混凝土的用水量。

②掺外加剂时的混凝土用水量可按式（5-8）计算：

$$m_{wa} = m_{w0}(1 - \beta) \tag{5-8}$$

式中　m_{wa}——掺外加剂混凝土每立方米混凝土的用水量，kg；

　　　m_{w0}——未掺外加剂混凝土每立方米混凝土的用水量，kg；

　　　β——外加剂的减水率，%，应经试验确定。

4. 每立方米混凝土的水泥用量（m_{c0}）的确定

$$m_{c0} = \frac{m_{w0}}{W/C} \tag{5-9}$$

式中　m_{c0}——每立方米混凝土的水泥用量，kg；

　　　m_{w0}——每立方米混凝土的用水量，kg；

　　　W/C——水灰比。

5. 选取砂率 β_s

当无历史资料可参考时，混凝土的砂率按以下规定选取：

（1）坍落度为 10~60mm 的混凝土砂率，可根据粗骨料品种、粒径及水灰比按表 5-6 选取。

表 5-6　混凝土的砂率　　　　　　　　　　%

水灰比（W/C）	卵石最大粒径（mm）			碎石最大粒径（mm）		
	10	20	40	16	20	40
0.40	26~32	25~31	24~30	30~35	29~34	27~32
0.50	30~35	29~34	28~33	33~38	32~37	30~35

水灰比 (W/C)	卵石最大粒径（mm）			碎石最大粒径（mm）		
	10	20	40	16	20	40
0.60	33～38	32～37	31～36	36～41	35～40	33～38
0.70	36～41	35～40	34～39	39～44	38～43	36～41

注：1. 本表数值系中砂的选用砂率，对细砂或粗砂，可相应地减少或增大砂率。

2. 只用一个单粒级粗骨料配制混凝土时，砂率应适当增大。

3. 对薄壁构件，砂率取偏大值。

4. 本表中的砂率系指砂与骨料总量的质量比。

（2）坍落度大于60mm的混凝土，砂率可经试验确定，也可在表5-6的基础上，按坍落度每增大20mm，砂率增大1%的幅度予以调整。

（3）坍落度小于10mm的混凝土，其砂率应经试验确定。

6. 计算粗骨料和细骨料的用量

（1）当采用重量法时应按式（5-10）、式（5-11）计算：

$$m_{c0} + m_{g0} + m_{s0} + m_{w0} = m_{cp} \tag{5-10}$$

$$\beta_s = \frac{m_{s0}}{m_{g0} + m_{s0}} \times 100\% \tag{5-11}$$

式中 m_{c0}——每立方米混凝土的水泥用量，kg；

m_{g0}——每立方米混凝土的粗骨料用量，kg；

m_{s0}——每立方米混凝土的细骨料用量，kg；

m_{w0}——每立方米混凝土的用水量，kg；

β_s——砂率，%；

m_{cp}——每立方米混凝土拌合物的假定重量，kg；其值可取2350～2450kg。

（2）当采用体积法时应按式（5-12）、式（5-13）计算：

$$\frac{m_{c0}}{\rho_c} + \frac{m_{g0}}{\rho_g} + \frac{m_{s0}}{\rho_s} + \frac{m_{w0}}{\rho_w} + 0.01\alpha = 1 \tag{5-12}$$

$$\beta_s = \frac{m_{s0}}{m_{g0} + m_{s0}} \times 100\% \tag{5-13}$$

式中 ρ_c——水泥密度，kg/m³，可取2900～3100kg/m³；

ρ_g——粗骨料的表观密度，kg/m³；

ρ_s——细骨料的表观密度，kg/m³；

ρ_w——水的密度，kg/m³，可取1000kg/m³。

α——混凝土的含气量百分数，%，在不使用引气型外加剂时，α可取为1。

粗骨料和细骨料的表观密度（ρ_g、ρ_s）应按现行行业标准《普通混凝土用砂、石质量及检验方法标准》（JGJ 52—2006）规定的方法测定。

7. 混凝土最大水灰比和最小水泥用量的确定

当进行混凝土配合比设计时，混凝土的最大水灰比和最小水泥用量应符合表5-7的规定。

表 5-7 混凝土的最大水灰比和最小水泥用量

环境条件	结构物类别	最大水灰比			最小水泥用量（kg）		
		素混凝土	钢筋混凝土	预应力混凝土	素混凝土	钢筋混凝土	预应力混凝土
干燥环境	正常的居住或办公用房屋内部件	不作规定	0.65	0.60	200	260	300
潮湿环境 无冻害	高湿度的室内部件；室外部件；在非侵蚀性土和（或）水中的部件	0.70	0.60	0.60	225	280	300
潮湿环境 有冻害	经受冻害的室外部件；在非侵蚀性土和（或）水中且经受冻害的部件；高湿度且经受冻害的室内部件	0.55	0.55	0.55	250	280	300
有冻害和除冰剂的潮湿环境	经受冻害和除冰剂作用的室内和室外部件	0.50	0.50	0.50	300	300	300

注：1. 当用活性掺合料取代部分水泥时，表中的最大水灰比及最小水泥用量即为替代前的水灰比和水泥用量。

2. 配制 C15 级及其以下等级的混凝土可不受本表限制。

8. 外加剂和掺合料的掺量确定

外加剂和掺合料的掺量应通过试验确定，并应符合国家现行标准《混凝土外加剂应用技术规范》（GB 50119）、《粉煤灰在混凝土和砂浆中应用技术规程》（JGJ 28）、《粉煤灰混凝土应用技术规程》（GBJ 146）、《用于水泥和混凝土中的粒化高炉矿渣粉》（GB/T 18046）等的规定。

9. 混凝土的最小含气量

长期处于潮湿和严寒环境中的混凝土，应掺用引气剂或引气减水剂。引气剂的掺入量应根据混凝土的含气量并经试验确定，混凝土的最小含气量应符合表 5-8 的规定；混凝土的含气量亦不宜超过 7%；混凝土中的粗骨料和细骨料应作坚固性试验。

表 5-8 长期处于潮湿和严寒环境中混凝土的最小含气量

粗骨料最大粒径（mm）	最小含气量（%）
40	4.5
25	5.0
20	5.5

注：含气量的百分比为体积比。

二、混凝土配合比的试配、调整与确定

1. 试配

（1）试配时，应采用工程中实际使用的原材料。混凝土的搅拌方法，宜与生产时使用的方法相同。

（2）试配时，每盘混凝土的最小搅拌量应符合表 5-9 的规定；当采用机械搅拌时，其搅拌量不应小于搅拌机额定搅拌量的 1/4。

表 5-9　混凝土试配的最小搅拌量

骨料最大粒径（mm）	拌合物数量（L）
31.5 及以下	15
40	25

（3）按计算的配合比进行试配时，首先应进行试样，以检查拌合物的性能，当试拌得出的拌合物坍落度或维勃稠度不能满足要求，或粘聚性和保水性不好时，应在保证水灰比不变的条件下相应调整用水量或砂率，直到符合要求为止，然后提出供混凝土强度试验用的基准配合比。

（4）混凝土强度试验时至少应采用三个不同的配合比。当采用三个不同的配合比时，其中一个为基准配合比，另外两个配合比的水灰比，较基准配合比分别增加和减少 0.05；用水量与基准配合比相同，砂率可分别增加和减少 1%。

当不同水灰比的混凝土拌合物坍落度与要求值的差超过允许偏差时，可通过增、减用水量进行调整。

（5）制作混凝土强度试验试件时，应检验混凝土拌合物的坍落度或维勃稠度、粘聚性、保水性及拌合物的表观密度，并以此结果作为代表相应配合比的混凝土拌合物的性能。

（6）进行混凝土强度试验时，每种配合比至少应制作一组（三块）试件，标准养护到 28d 时试压。

需要时可同时制作几组试件，供快速检验或较早龄期试压，以便提前定出混凝土配合比供施工使用。但应以标准养护 28d 强度或按现行国家标准《粉煤灰混凝土应用技术规程》（GBJ 146）、现行行业标准《粉煤灰在混凝土和砂浆中应用技术规程》（JGJ 28）等规定的龄期强度的检验结果为依据调整配合比。

2. 配合比的调整与确定

（1）根据试验得出的混凝土强度与其相对应的灰水比（C/W）关系，用作图法或计算法求出与混凝土配制强度（$f_{cu,0}$）相对应的灰水比，并应按下列原则确定每立方米混凝土的材料用量：

①用水量（m_w）应在基准配合比用水量的基础上，根据制作强度试件时测得的坍落度或维勃稠度进行调整确定；

②水泥用量（m_c）应以用水量乘以选定出来的灰水比计算确定；

③粗骨料和细骨料用量（m_g 和 m_s）应在基准配合比的粗骨料和细骨料用量的基础上，按选定的灰水比进行调整后确定。

（2）经试配确定配合比后还应按下列步骤进行校正：

①根据确定的材料用量按式（5-14）计算混凝土的表观密度 $\rho_{c,c}$：

$$\rho_{c,c} = m_c + m_g + m_s + m_w \tag{5-14}$$

②按式（5-15）计算混凝土配合比校正系数 δ：

$$\delta = \frac{\rho_{c,t}}{\rho_{c,c}} \qquad (5-15)$$

式中　$\rho_{c,t}$——混凝土表观密度实测值，kg/m³；

　　　$\rho_{c,c}$——混凝土表观密度计算值，kg/m³。

③当混凝土表观密度实测值与计算值之差的绝对值不超过计算值的 2% 时，则计算的配合比即为设计配合比；当二者之差超过 2% 时，应将计算的配合比中每项材料用量均乘以校正系数 δ，即为设计配合比。

三、混凝土配合比的设计

普通混凝土配合比设计方法见表 5-10。

表 5-10　混凝土配合比设计方法

项　目		确定方法
计算初步配合比	计算混凝土配制强度	混凝土配制强度的计算公式：$f_{cu,0}=f_{cu,k}+1.645\sigma$ 式中　$f_{cu,0}$——混凝土配制强度，MPa； 　　　$f_{cu,k}$——混凝土设计强度等级，MPa； 　　　σ——施工单位的混凝土强度标准差
	初步确定水灰比	水灰比宜按下式：$W/C=\alpha_a f_{ce}/(f_{cu,0}+\alpha_a\alpha_b f_{ce})$ 式中　W/C——水灰比； 　　　f_{ce}——水泥实际强度，MPa； 　　　α_a，α_b——回归系数； 计算的水灰比应按混凝土耐久性要求复核
	确定单位用水量	单位用水量主要根据施工要求的坍落度、骨料的品种和最大粒径查表取得
	计算单位水泥用量	单位水泥用量公式：$C_0=W_0/(W/C)$　　$m_{c0}=m_{w0}/(W/C)$ 式中　m_{c0}——单位水泥用量，kg； 　　　m_{w0}——单位用水量，kg； 　　　W/C——水灰比
	确定合理砂率	可以根据本单位对所用材料使用经验来确定合理砂率；也可以根据骨料品种及规格、混凝土的水灰比查表取得；还可以通过试验确定
	计算砂、石用量	计算砂、石用量，有两种计算方法：绝对体积法和表观密度法（重量法），利用以上两种方法可计算出 1m³ 混凝土砂、石的用量
	基本配合比的确定	在初步配合比的基础上，进行混凝土拌合物和易性的调整，使其满足设计要求，然后计算出 1m³ 混凝土各项原材料的重量
	试验配合比的确定	在基准配合比的基础上，进行混凝土强度及耐久性的检验，使其满足设计要求，然后计算出 1m³ 混凝土各项原材料的重量
	施工配合比的确定	在试验室配合比的基础上，根据施工现场砂、石含水率来计算施工配合比，然后计算出 1m³ 混凝土各项材料的质量
	施工配料的确定	在施工配合比的基础上，根据搅拌机出口容量，来确定混凝土的施工配料单

四、混凝土的检验

1. 配合比申请单

凡结构用混凝土应有配合比申请单和有资质的试验室签发的配合比通知单。施工中如主要材料有变化，应重新申请试配。配合比要用质量比。混凝土施工配合比，应根据设计的混凝土强度等级和质量检验以及混凝土施工和易性的要求确定，由施工单位现场取样送试验室，填写混凝土配合比申请单并向试验室提出试配申请。对抗冻、抗渗混凝土，应提出抗冻、抗渗要求。材料应从现场取样，一般水泥 50kg、砂 150kg，有抗渗要求时加倍。

混凝土配合比申请单见表 5-11。

表 5-11   混凝土配合比申请单

委托单位：_____   试验委托人：_____   工程名称及部位：_____

设计强度等级：_____   要求坍落度或工作度：_____

其他技术要求：_____

搅拌方法：_____   浇捣方法：_____   养护方法：_____

水泥品种及强度等级：_____   厂别牌号：_____   进场日期：_____

试验编号：_____   砂产地及种类：_____   试验编号：_____

石产地及种类：_____   最大粒径：_____   （mm）试验编号：_____

掺合料名称：_____   外加剂名称：_____   申请日期：_____

使用日期：_____   联系电话：_____

混凝土用砂、石应先做试验，配合比申请单中砂、石各项目要依据砂、石试验报告填写。其他材料有则按实际填写，没有则写"无"或画斜杠，不要有空项。

2. 配合比通知单

配合比通知单由试验室经试配，选取最佳配合比填写签发。施工中要严格按此配合比计算施工，不得随意修改。

施工单位领取配合比通知单后，要验看是否字迹清晰、签章齐全、无涂改与申请要求吻合，并注意配合比通知单上的备注说明。混凝土配合比申请单及通知单是混凝土施工的一项重要资料，要归档妥善保存，不得遗失、损坏。

3. 混凝土试块制作与养护

混凝土施工的试块制作记录见表 5-12：

表 5-12 混凝土施工的试块制作记录

施工队组： 　　　　　　　　　　试块制作人：

年　月　日			天气情况		大气温度	
施工部位 （构件名称）					设计强 度等级	
试块编号	尺寸 （mm）	3d		7d		28d	
		强度	达设计值的 （%）	强度	达设计值的 （%）	强度	达设计值的 （%）
1							
2							
3							
4							
5							
6							
7							
8							
9							

原材料 情况	水泥	试验编号		产地 规格		品种 强度等级	
	砂	试验编号		产地 规格		含水率	（%）
	石	试验编号		产地 规格		含水率	（%）
	掺合料	试验编号		产地 规格			

配比	水灰比	砂率（%）	kg/m³					
			水	水泥	砂	石	掺合料	外加剂
下达配比								品种
调整配比								掺量

施工情况及 试块制作说明	数量（m³）： 配比执行情况： 计量误差： 其他：	拌合物外观：

蒸汽养护混凝土结构和部件，其试块应随同结构和构件养护后，再转入标准条件下养护共 28d。混凝土试块拆模后，不仅要编号，而且各试块上要写清混凝土强度等级、代表的工程部位和制作日期。混凝土养护试块要有测温、湿度记录，同条件养护试块应

有测温记录。

　　4. 普通混凝土强度试验的取样方法和试块留置

　　(1) 普通混凝土强度试验以同一混凝土强度等级，同一配合比、生产工艺相同。

　　(2) 每拌制 100 盘但不超过 $100m^3$；

　　(3) 每一工作台班；

　　(4) 每一流水段为一取样单位。

　　(5) 每一取样单位标准养护试块的留置组数不得少于一组。

　　(6) 施工现场为了检查结构拆摸、吊装及施工期间临时负荷的需要应留置与结构同条件养护的试块，每相同条件养护不得少于一组。

第八节　混凝土非破损检测（现场无损检测）

　　在混凝土全面质量保证体系中，必须确信混凝土构件能够足以承受设计所要求的荷载。目前世界上主要国家的现行规范中均以 28d 抗压强度作为评定结构混凝土质量的指标。在混凝土施工及构件的生产、运输和安装过程中，强度检测是非常有效的质量控制手段，但该方法的主要缺点也非常明显：

　　(1) 获取检测结果较迟；

　　(2) 由于浇筑、捣实和养护条件不同以及尺寸相差悬殊，试件不能真正代表结构混凝土的特征；

　　(3) 破坏性检测使得试验结果不可重演。

　　为使得设计师、工程师和业主了解结构混凝土的特征，60 多年来人们已经研究出许多混凝土现场无损或局部破损检测方法。这些方法与常规的强度试验方法相比，具有以下主要优点：

　　(1) 无损或微损混凝土构件或结构物，不影响其使用性能，检测简便快捷；

　　(2) 可直接在新、旧混凝土上做全面检测，能比较真实地反映出混凝土工程的质量；

　　(3) 可进行连续检测和重复检测，使检测结果有良好的可比性，还能了解环境因素和使用情况对混凝土性能的影响。

　　混凝土非破损检验又称无损检验，它可用同一试件进行多次重复检测而不损坏试件，可以直接而迅速地测定混凝土的强度、内部缺陷的位置和大小，还可判断混凝土结构遭受破坏或损伤的程度，因而无损检验在工程中得到普遍重视和应用。

　　用于混凝土非破损检验的方法很多，通常有回弹法、超声波法、电测法、谐振法和取芯法等，还可以采用两种或两种以上的方法联合使用，以便综合地、更准确地判断混凝土的强度和耐久性等。

一、回弹法检测

　　1. 检测目的

　　通过试验，根据混凝土的表面使用硬度与强度的关系，估算混凝土的抗压强度，作为检测混凝土质量的一种辅助手段。

2. 主要仪器设备

中型回弹仪（如图5-5所示）：标称功能为2.207J；钢钻：洛氏硬度HRC为60±2。

3. 试验基本原理

回弹值R的大小，主要取决于与冲击能量有关的回弹能量，而回弹能量取决于被测混凝土的弹塑性性能。混凝土的强度越低，则塑性变形越大，消耗于产生塑性变形的功也越大，弹击锤所获得的回弹功能就越小，回弹距离相应也越小，从而回弹值就越小，反之亦然。

4. 试验步骤

（1）回弹仪率定：将回弹仪垂直向下在钢钻上弹击，取三次的稳定回弹值进行平均计算。弹击杆应分四次旋转，每次旋转90°。弹击杆每旋转一次的率定平均值均应符合（80±2）的要求，否则不能使用。

（2）混凝土构件测区预测面布置：对长度不小于3m的构件，其测区数应不少于10个；长度小于3m且高度低于0.6m的构件，其测区数量可以适当减少，但不少于5个，相邻两测区间距不超过2m。测区应均匀分布，并具有代表性，宜选择在侧面为好。每个测区宜有两个相对的测面，每个测面约200mm×200mm。

（3）测面应平整光滑，必要时可以用砂轮作表面加工，测面应自然干燥。每个测面上布置8个测点。若一个测区只有一个测面，应选择16个测点。测点应均匀分布。

（4）回弹仪垂直对准混凝土表面，轻压回弹仪，使弹击杆伸出，挂钩挂上弹击锤，将回弹仪弹击杆垂直对准检测点，缓慢均匀施压。待弹击锤脱钩后冲击弹击杆，弹击锤带动指针向后移动直至到达一定的位置时，读出回弹值R_i（精确至1mm）。

（5）碳化深度值测量：回弹值测量完毕后，应在有代表性的位置上测量碳化深度，测点不应少于构件测区数的30%，取其平均值为该构件每测区的碳化深度值。当碳化深度值极差大于2.0mm时，应在每一测区测量碳化深度。

可采用适当的工具在测区表面形成直径约15mm的孔洞，其深度应大于混凝土的碳化深度。孔洞中的粉末和碎屑应除净，并不得用水擦洗。同时，应采用浓度为1%的酚酞酒精溶液滴在孔洞内壁的边缘处，当已碳化与未碳化混凝土交界线清楚时，再用深度测量工具测量已碳化与未碳化混凝土交界面到混凝土表面的垂直距离，测量不应少于3

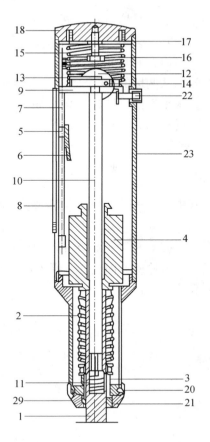

图5-5　回弹仪的构造和主要零件名称

1—弹击杆；2—弹击拉簧；3—拉簧座；4—弹击重锤；5—指针块；6—指针片；7—指针轴；8—刻度尺；9—导向法兰；10—中心导杆；11—缓冲压；12—挂钩；13—挂钩弹簧；14—挂钩销子；15—压簧；16—调零螺丝；17—紧固螺母；18—尾盖；19—盖帽；20—卡环；21—密封毡圈；22—按钮；23—外壳

次，取其平均值 d_m。每次读数精确至 0.5mm。

5. 结果评定

（1）回弹值计算

从测区的 16 个回弹值中分别剔除 3 个最大值和 3 个最小值，取其余 10 个回弹值的算术平均值。计算至 0.1mm，作为该测区水平方向检测的混凝土平均回弹值，计算式见式（5-16）：

$$R_m = \frac{\sum\limits_{i=1}^{10} R_i}{10} \tag{5-16}$$

式中　R_m——测区平均回弹值，精确至 0.1mm；

　　　R_i——第 i 个测点的回弹值，mm。

（2）回弹值检测角度及浇筑面修正

若检测方向为非水平方向的浇筑面或底面时，按有关规定先进行角度修正，计算式见式（5-17）：

$$R_m = R_{m\alpha} + R_{a\alpha} \tag{5-17}$$

式中　$R_{m\alpha}$——非水平状态检测时测区的平均回弹值，精确至 0.1mm；

　　　$R_{a\alpha}$——非水平状态检测时，回弹值修正值可按本章附录 A 采用。

然后再进行浇筑面修正，计算式见式（5-18）

$$R_m = R_m^t + R_a^t$$
$$R_m = R_m^b + R_a^b \tag{5-18}$$

式中　R_m^t、R_m^b——水平方向检测混凝土浇筑表面、底面时，测区的平均回弹值，精确至 0.1mm；

　　　R_a^t、R_a^b——混凝土浇筑表面、底面回弹值的修正值，按本章附录 B 采用。

（3）求测区混凝土强度值

根据室内试验建立的强度与回弹值关系曲线，查得构件测区混凝土强度换算值。

在无专用测强曲线和地区测强曲线时，可按标准《回弹法检测混凝土抗压强度技术规程》（JGJ/T 23—2001）中统一测强曲线，由回弹值与碳化深度求得测区混凝土强度换算值，可由本章附录 C 查表得出。当碳化深度值不大于 2.0mm 时，每一测区混凝土强度换算值应按本章附录 D 修正。

（4）测定值评定

结构或构件的测区混凝土强度平均值可根据各测区的混凝土强度换算值计算。当测区数为 10 个及以上时，应计算强度标准差。

强度平均值（精确至 0.1MPa），计算式见式（5-19）：

$$m_{f_{cu}^c} = \frac{\sum\limits_{i=1}^{n} f_{cu,i}^c}{n} \tag{5-19}$$

式中　$m_{f_{cu}^c}$——结构或构件测区混凝土强度换算值的平均值，MPa；

　　$f_{cu,i}^c$——结构或构件测区混凝土强度换算值，MPa；

　　n——对于单个检测的构件，取一个构件的测区数；对批量检测的构件，取被抽检构件测区数之和。

强度标准差（精确至 0.01MPa），计算式见式（5-20）：

$$S_{f_{cu}^c} = \sqrt{\frac{\sum_{i=1}^{n}(f_{cu,i}^c)^2 - n(m_{f_{cu}^c})^2}{n-1}} \qquad (5\text{-}20)$$

式中　$S_{f_{cu}^c}$——结构或构件测区混凝土强度换算值的标准差，MPa。

结构或构件的混凝土强度推定值指相应于强度换算值总体分布中保证率不低于 95% 的结构或构件中的混凝土抗压强度值。混凝土强度推定值 $f_{cu,e}$（精确至 0.1MPa）按如下确定：

①当该结构或构件测区数少于 10 个时，计算式见式（5-21）：

$$f_{cu,e} = f_{cu,min}^c \qquad (5\text{-}21)$$

式中　$f_{cu,min}^c$——构件中最小的测区混凝土强度换算值，MPa。

②当该结构或构件测区强度值中出现小于 10.0MPa 时，计算式见式（5-22）：

$$f_{cu,e} < 10.0MPa \qquad (5\text{-}22)$$

③当该结构或构件测区数不少于 10 个或按批量检测时，计算式见式（5-23）：

$$f_{cu,e} = m_{f_{cu}^c} - 1.645 S_{f_{cu}^c} \qquad (5\text{-}23)$$

（5）对按批量检测的构件，当该批构件混凝土强度标准差出现下列情况之一时，则该批构件应全部按单个构件检测：

①当该批构件混凝土强度平均值小于 25MPa 时，其强度标准差按式（5-24）计算：

$$S_{f_{cu}^c} > 4.5MPa \qquad (5\text{-}24)$$

②当该批构件混凝土强度平均值不小于 25MPa 时，其强度标准差按式（5-25）计算：

$$S_{f_{cu}^c} > 5.5MPa \qquad (5\text{-}25)$$

6. 回弹法检测混凝土抗压强度实例

【例】某办公楼二层顶板，4.2m×3.6m，板厚12cm，混凝土强度等级为C35，泵送商品混凝土，各种材料均符合国家标准，自然养护，龄期为 5 个月，因对试块强度有怀疑，现采用回弹法检测混凝土强度。

（1）检测：按要求布置 10 个测区，回弹仪 90°方向向上检测顶板底面，然后测量其碳化深度值；

（2）记录：回弹值见表 5-12；

（3）计算：

①计算每测一区的平均回弹值，精确至 0.1mm，计算结果见表 5-13；

表 5-13　回弹法检测原始记录表

单位工程名称：办公楼　　　　　　　　　　　　　　　　　　　第 1 页　共 1 页

编号		回弹值																	碳化深度
构件	测区	1	2	3	4	5	6	7	8	9	10	11	12	13	14	15	16	R_m	（mm）
二层顶板 $\dfrac{B-C}{③-④}$	1	44	43	44	44	44	44	45	42	44	41	45	45	44	46	47	44.1		1.0
	2	44	45	45	44	45	47	45	45	43	45	45	40	45	46	46	44.8		1.0
	3	43	42	44	43	43	40	44	43	41	44	43	44	44	47	45	43.5		1.0
	4	43	42	44	45	45	44	46	47	46	46	46	48	46	46	45	45.0		1.0
	5	45	46	45	44	45	46	45	45	46	41	45	46	45	47	49	45.3		1.0
	6	40	46	46	39	45	45	42	46	45	48	45	47	46	45	50	45.3		1.0
	7	43	45	41	45	47	45	45	49	45	45	45	50	46	46	46	45.3		1.0
	8	46	48	45	46	45	45	46	45	45	45	45	45	45	43	41	45.4		1.0
	9	44	39	45	47	45	44	45	45	45	44	44	45	47	42	49	44.6		1.0
	10	45	50	45	46	47	45	45	45	45	39	45	44	44	41	38	44.8		1.0

测面状态	底面，风干，潮湿，光洁，粗糙		回弹仪	型号	ZC3 - A	备注	
检测角度	90°向上			编号			
				率定值	80		

检测：张三　　　　　记录：李四　　　　　计算：王五　　　　　检测日期：××××年×月×日

②根据本章附录 A 进行角度修正，再根据本章附录 B 进行浇筑面修正；然后根据每一测区平均回弹值 R_m 和平均碳化深度值 d_m，查本章附录 C，求出该测区混凝土强度换算值；再根据本章附录 D 对泵送混凝土测区强度修正；

③计算该顶板的平均值、标准差、最小强度值，计算结果见表 5-14；

表 5-14　构件混凝土强度计算表

工程名称：办公楼

构件名称及编号：二层顶板 $\dfrac{B-C}{③-④}$　　　　　　　　　　　　　　第 1 页　共 1 页

项目	测区	1	2	3	4	5	6	7	8	9	10
回弹值（mm）	测区平均值	44.1	44.8	43.5	45.0	45.3	45.3	45.3	45.4	44.6	44.8
	角度修正值	−3.8	−3.8	−3.8	−3.8	−3.8	−3.8	−3.8	−3.8	−3.8	−3.8
	角度修正后	40.3	41.0	39.7	41.2	41.5	41.5	41.5	41.6	40.8	41.0
	浇筑面修正值	−1.0	−0.9	−1.0	−0.9	−0.8	−0.8	−0.8	−0.8	−0.9	−0.9
	浇筑面修正后	39.3	40.1	38.7	40.3	40.7	40.7	40.7	40.8	39.9	40.1
平均碳化深度 d_m（mm）		1.0	1.0	1.0	1.0	1.0	1.0	1.0	1.0	1.0	1.0
测区强度值 f_{cu}^c（MPa）		37.2	38.4	36.2	38.8	39.6	39.6	39.6	39.8	38.2	38.4
泵送混凝土测区强度修正值（mm）		+4.5	+4.5	+4.5	+4.5	+4.5	+4.5	+4.5	+4.5	+4.5	+4.5
泵送混凝土修正后测区强度值（mm）		41.7	42.9	40.7	43.3	44.1	44.1	44.1	44.3	42.7	42.9
强度计算（MPa）　$n=10$		$m_{f_{cu}^c}=43.1$			$S_{f_{cu}^c}=1.18$			$f_{cu,min}^c=40.7$			
使用测区强度换算表名称：规程：　地区：　专业：						备注：				

计算：王五　　　　　　　复核：李四　　　　　　　计算日期：××××年×月×日

④计算该顶板强度推定值$f_{\mathrm{cu,e}}$：

$$f_{\mathrm{cu,e}} = m_{f_{\mathrm{cu}}^{\mathrm{c}}} - 1.645 S_{f_{\mathrm{cu}}^{\mathrm{c}}}$$
$$= 43.1 - 1.645 \times 1.18$$
$$= 41.2 \mathrm{MPa}$$

二、超声波检测

1. 试验目的

通过试验根据超声波在混凝土中的传播速度与混凝土之间的相关性，估测混凝土强度或评定混凝土的均匀性。

2. 主要仪器设备

非金属超声波检测仪：声时范围为 $0.5 \sim 9999\mu\mathrm{s}$。

换能器：频率在 $50 \sim 100 \mathrm{kHz}$。

3. 试验步骤

（1）超声仪零读数校正

在检测前需校正超声波传播时间的零点 t_0。一般用附有标定传播试件 t_1 的标准块，测读超声波通过标准块的时间 t_2，则 $t_0 = t_2 - t_1$；对于小功率换能器，当仪器性能允许时，可将发、收换能器用黄油或凡士林耦合剂直接耦合，调整零点或读取初读数 t_0。

（2）建立混凝土强度-波速曲线

制作一批不同强度的混凝土立方体试件，数量不少于 30 块，试件边长为 150mm，可采用不同龄期或不同配合比的混凝土试件。每个试件的检测位置如图 5-6 所示。

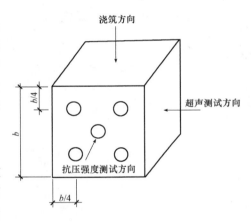

图 5-6　试件测试位置

将收、发换能器的圆面上涂一层耦合剂，紧贴在试件两测面的相应测点上，调节衰减与增益，使得所有被测件接受信号首波的波幅调至相同的高度，并将时标点调至首波的前沿，读取声时值。每个试件以 5 个点测值的算术平均值作为该混凝土试件中超声传播时间 t 的检测结果。

延超声波传播方向量试件边长，精确至1mm，取四处边长平均值作为传播距离 L。将检测波速的混凝土试件立即进行抗压强度试验，求得抗压强度 f_{cu}（MPa），计算波速 v 并由 f_{cu} 及 v 建立 $f_{\mathrm{cu}} - v$ 曲线。

（3）现场检测

在混凝土构件的相对两面均匀地画出网格。网格的边长一般为 $20 \sim 100 \mathrm{cm}$，网格的交点即为测点，相对两测点的距离即为超声波传播路径的长度。

检测各相对两测点超声波，计算波速。

　　按比例绘出被检测件的外形及表面网格分布图，将检测波速标于图中各个检测点处，数值偏低的部位可以加密测点，进行补测。

　　根据构件中钢筋分布及含水率等对波速进行修正。

4. 结果评定

测区波速 v 计算式见式（5-24）：

$$v = \frac{l}{t_\text{m}} \tag{5-26}$$

式中　v——测区波速值，km/s；

　　　l——超声测距，mm；

　　　t_m——测区平均声时值，μs。

根据室内建立的混凝土强度与波速的专用曲线，换算出各测点处混凝土强度值。

按数理统计方法计算出混凝土强度平均值、标准差和变异系数三个统计特征值，用以比较混凝土各部位的均匀性。

混凝土试验实训报告

送检试样：_____ 委托编号：_____

委托单位：_____ 试验委托人：_____

工程名称及部位（或构件名称）：_____

一、配合比设计要求及说明

强度等级	试配强度（MPa）	坍落度（mm）	维勃稠度（S）	其他要求
试验目的				

二、原材料情况

水　泥				
试验编号	厂别、牌号	品种、标号	实际强度	其他指标

砂				
试验编号	产地	细度模数	含泥量	泥块含量

石				
试验编号	产地规格、品种	含泥量	泥块含量	针片状含量	压碎指标值

掺合料			
试验编号	名称	等级	技术指标

外加剂			
试验编号	名称	厂别	技术指标

初步计算配合比：

三、配合比计算

初步计算配合比：

修正计算配合比：

预测强度：

四、主要仪器设备及规格型号

五、试验记录

执行标准：＿＿＿＿＿＿＿＿＿＿＿＿＿试验日期：＿＿＿＿＿＿＿＿＿＿＿＿

1. 混凝土配合比试验

编号		水灰比 W/C	砂率 （%）	每立方米混凝土材料用量（kg/m³）					
				水	水泥	砂	石	外加剂	掺合料
1	计算								
	调整								
2	计算								
	调整								
3	计算								
	调整								

编号		水灰比 W/C	砂率 （%）	每立方米混凝土材料用量（kg/m³）					
				水	水泥	砂	石	外加剂	掺合料
4	计算								
	调整								
5	计算								
	调整								

编号		试件边长（cm）	试拌混凝土体积（L）	每盘混凝土材料用量（kg/盘）						坍落度（mm）或维勃稠度（S）
				水	水泥	砂	石	外加剂	掺合料	
1	计算									
	调整									
2	计算									
	调整									
3	计算									
	调整									
4	计算									
	调整									
5	计算									
	调整									

混凝土的湿表观密度

编号	试模容积 V_0（L）	试模质量 G_1（kg）	试模和混凝土质量 G_2（kg）	混凝土质量（$G_2 - G_1$）（kg）	湿表观密度（kg/L）	
					单块值	平均值
1						
2						
3						
4						
5						

试配情况说明：

2. 混凝土立方体抗压强度测试

执行标准：_____

编号	龄期（3d）					龄期（7d）					龄期（28d）				
	试压日期	强度（MPa）			15cm³强度	试压日期	强度（MPa）			15cm³强度	试压日期	强度（MPa）			15cm³强度
		1	2	3			1	2	3			1	2	3	
1															
2															
3															
4															
5															

编号	龄期（3d）					龄期（7d）					龄期（28d）				
	试压日期	强度（MPa）			15cm³强度	试压日期	强度（MPa）			15cm³强度	试压日期	强度（MPa）			15cm³强度
		1	2	3			1	2	3			1	2	3	
1															
2															
3															
4															
5															

说明：

3. 回弹法检测混凝土强度

回弹法检测原始记录表																			
单位工程名称						构件名称						测面状态			侧面 表面 底面 风干 光洁				
混凝土强度等级						测试角度			水平 向上 向下			测试日期							
构件生产日期						构件龄期						回弹仪		型号					
														率定值					

测区	回弹值（N）																	碳化深度
	1	2	3	4	5	6	7	8	9	10	11	12	13	14	15	16	平均值	（mm）
1																		
2																		
3																		
4																		
5																		
6																		
7																		
8																		
9																		
10																		

第五章　普通混凝土性能检测

构件混凝土强度计算表

构件名称				构件生产日期			构件龄期（d）			
混凝土强度等级				构件测试日期			执行标准			
测区号	1	2	3	4	5	6	7	8	9	10
回弹值 测区平均值										
角度修正值										
角度修正后										
浇筑面修正值										
浇筑面修正后										
平均碳化深度 d（mm）										
测区强度值 f_{cu}^c（MPa）										
泵送混凝土测区强度修正值										
泵送混凝土修正后测区强度值										
强度计算（MPa）$n=10$，$k=1.7$	平均值 f_{cu1}					标准差 f_{cu2}				
强度取值（MPa）										

备注及问题说明：

审批（签字）：＿＿＿＿＿＿＿＿审核（签字）：＿＿＿＿＿＿＿＿试验（签字）：＿＿＿＿＿＿＿＿

检测单位（盖章）＿＿＿＿＿＿＿＿
报告日期：　　年　　月　　日

注：本表一式四份（建设单位、施工单位、试验室、存档各一份）

附录 A 非水平状态检测时的回弹值修正值

$R_{m\alpha}$	检测角度							
	向 上				向 下			
	90°	60°	45°	30°	-30°	-45°	-60°	-90°
20	-6.0	-5.0	-4.0	-3.0	+2.5	+3.0	+3.5	+4.0
21	-5.9	-4.9	-4.0	-3.0	+2.5	+3.0	+3.5	+4.0
22	-5.8	-4.8	-3.9	-2.9	+2.4	+2.9	+3.4	+3.9
23	-5.7	-4.7	-3.9	-2.9	+2.4	+2.9	+3.4	+3.9
24	-5.6	-4.6	-3.8	-2.8	+2.3	+2.8	+3.3	+3.8
25	-5.5	-4.5	-3.8	-2.8	+2.3	+2.8	+3.3	+3.8
26	-5.4	-4.4	-3.7	-2.7	+2.2	+2.7	+3.2	+3.7
27	-5.3	-4.3	-3.7	-2.7	+2.2	+2.7	+3.2	+3.7
28	-5.2	-4.2	-3.6	-2.6	+2.1	+2.6	+3.1	+3.6
29	-5.1	-4.1	-3.6	-2.6	+2.1	+2.6	+3.1	+3.6
30	-5.0	-4.0	-3.5	-2.5	+2.0	+2.5	+3.0	+3.5
31	-4.9	-4.0	-3.5	-2.5	+2.0	+2.5	+3.0	+3.5
32	-4.8	-3.9	-3.4	-2.4	+1.9	+2.4	+2.9	+3.4
33	-4.7	-3.9	-3.4	-2.4	+1.9	+2.4	+2.9	+3.4
34	-4.6	-3.8	-3.3	-2.3	+1.8	+2.3	+2.8	+3.3
35	-4.5	-3.8	-3.3	-2.3	+1.8	+2.3	+2.8	+3.3
36	-4.4	-3.7	-3.2	-2.2	+1.7	+2.2	+2.7	+3.2
37	-4.3	-3.7	-3.2	-2.2	+1.7	+2.2	+2.7	+3.2
38	-4.2	-3.6	-3.1	-2.1	+1.6	+2.1	+2.6	+3.1
39	-4.1	-3.6	-3.1	-2.1	+1.6	+2.1	+2.6	+3.1
40	-4.0	-3.5	-3.0	-2.0	+1.5	+2.0	+2.5	+3.0
41	-4.0	-3.5	-3.0	-2.0	+1.5	+2.0	+2.5	+3.0
42	-3.9	-3.4	-2.9	-1.9	+1.4	+1.9	+2.4	+2.9
43	-3.9	-3.4	-2.9	-1.9	+1.4	+1.9	+2.4	+2.9
44	-3.8	-3.3	-2.8	-1.8	+1.3	+1.8	+2.3	+2.8
45	-3.8	-3.3	-2.8	-1.8	+1.3	+1.8	+2.3	+2.8
46	-3.7	-3.2	-2.7	-1.7	+1.2	+1.7	+2.2	+2.7
47	-3.7	-3.2	-2.7	-1.7	+1.2	+1.7	+2.2	+2.7
48	-3.6	-3.1	-2.6	-1.6	+1.1	+1.6	+2.1	+2.6
49	-3.6	-3.1	-2.6	-1.6	+1.1	+1.6	+2.1	+2.6
50	-3.5	-3.0	-2.5	-1.5	+1.0	+1.5	+2.0	+2.5

注：1. $R_{m\alpha}$ 小于 20 或大于 50 时，均分别按 20 或 50 查表；
　　2. 表中未列入的相应于 $R_{m\alpha}$ 的修正值 $R_{m\alpha}$，可用内插法求得，精确至 0.1mm。

附录 B 不同浇筑面的回弹值修正值

R_m^t 或 R_m^b	表面修正值 (R_a^t)	底面修正值 (R_a^b)	R_m^t 或 R_m^b	表面修正值 (R_a^t)	底面修正值 (R_a^b)
20	+2.5	-3.0	36	+0.9	-1.4
21	+2.4	-2.9	37	+0.8	-1.3
22	+2.3	-2.8	38	+0.7	-1.2
23	+2.2	-2.7	39	+0.6	-1.1
24	+2.1	-2.6	40	+0.5	-1.0
25	+2.0	-2.5	41	+0.4	-0.9
26	+1.9	-2.4	42	+0.3	-0.8
27	+1.8	-2.3	43	+0.2	-0.7
28	+1.7	-2.2	44	+0.1	-0.6
29	+1.6	-2.1	45	0	-0.5
30	+1.5	-2.0	46	0	-0.4
31	+1.4	-1.9	47	0	-0.3
32	+1.3	-1.8	48	0	-0.2
33	+1.2	-1.7	49	0	-0.1
34	+1.1	-1.6	50	0	0
35	+1.0	-1.5			

注：1. R_m^t 或 R_m^b 小于20或大于50时，均分别按20或50查表；

2. 表中有关混凝土浇筑表面的修正系数，是指一般原浆抹面的修正值；

3. 表中有关混凝土浇筑底面的修正系数，是指构件底面与侧面采用同一类模板在正常浇筑情况下的修正值；

4. 表中未列入的相应于 R_m^t 或 R_m^b 的 R_a^t 和 R_a^b 值，可用内插法求得，精确至0.1mm。

附录 C 测区强度换算表

平均回弹值 R_m	测区混凝土强度换算表 $f_{cu,i}^c$（MPa）												
	平均碳化深度值 d_m（mm）												
	0	0.5	1.0	1.5	2.0	2.5	3.0	3.5	4.0	4.5	5.0	5.5	≥6.0
20.0	10.3	10.1	—										
20.2	10.5	10.3	10.0	—	—	—	—	—	—	—	—	—	—
20.4	10.7	10.5	10.2	—									
20.6	11.0	10.8	10.4	10.1									
20.8	11.2	11.0	10.6	10.3	—								
21.0	11.4	11.2	10.8	10.5	10.0								
21.2	11.6	11.4	11.0	10.7	10.2	—	—	—	—	—	—	—	
21.4	11.8	11.6	11.2	10.9	10.4	10.0	—						
21.6	12.0	11.8	11.4	11.0	10.6	10.2							
21.8	12.3	12.1	11.7	11.3	10.8	10.5	10.1	—					
22.0	12.5	12.2	11.9	11.5	11.0	10.6	10.2	—					
22.2	12.7	12.4	12.1	11.7	11.2	10.8	10.4	10.0					
22.4	13.0	12.7	12.4	12.0	11.4	11.0	10.7	10.3	10.0	—	—	—	—
22.6	13.2	12.9	12.5	12.1	11.6	11.2	10.8	10.4	10.2	—			
22.8	13.4	13.1	12.7	12.3	11.8	11.4	11.0	10.6	10.3				
23.0	13.7	13.4	13.0	12.6	12.1	11.6	11.2	10.8	10.5	10.1	—	—	—
23.2	13.9	13.6	13.2	12.8	12.2	11.8	11.4	11.0	10.7	10.3	10.0		
23.4	14.1	13.8	13.4	13.0	12.4	12.0	11.6	11.2	10.9	10.4	10.2	—	
23.6	14.4	14.1	13.7	13.2	12.7	12.2	11.8	11.4	11.1	10.7	10.4	10.1	—
23.8	14.6	14.3	13.9	13.4	12.8	12.4	12.0	11.5	11.2	10.8	10.6	10.2	—
24.0	14.9	14.6	14.2	13.7	13.1	12.7	12.2	11.8	11.5	11.0	10.8	10.4	10.1
24.2	15.1	14.8	14.3	13.9	13.3	12.8	12.4	11.9	11.6	11.2	11.0	10.6	10.3
24.4	15.4	15.1	14.6	14.2	13.6	13.1	12.6	12.2	11.9	11.4	11.2	10.8	10.4
24.6	15.6	15.3	14.8	14.4	13.7	13.3	12.8	12.3	12.0	11.5	11.2	10.9	10.6
24.8	15.9	15.6	15.1	14.6	14.0	13.5	13.0	12.6	12.2	11.8	11.4	11.1	10.7
25.0	16.2	15.9	15.4	14.9	14.3	13.8	13.3	12.8	12.5	12.0	11.7	11.3	10.9
25.2	16.4	16.1	15.6	15.1	14.4	13.9	13.4	13.0	12.6	12.1	11.8	11.5	11.0

续表

平均回弹值 R_m	测区混凝土强度换算表 $f^c_{cu,i}$（MPa）												
	平均碳化深度值 d_m（mm）												
	0	0.5	1.0	1.5	2.0	2.5	3.0	3.5	4.0	4.5	5.0	5.5	≥6.0
25.4	16.7	16.4	15.9	15.4	14.7	14.2	13.7	13.2	12.9	12.4	12.0	11.7	11.2
25.6	16.9	16.6	16.1	15.7	14.9	14.4	13.9	13.4	13.0	12.5	12.2	11.8	11.3
25.8	17.2	16.9	16.3	15.8	15.1	14.6	14.1	13.6	13.2	12.7	12.4	12.0	11.5
26.0	17.5	17.2	16.6	16.1	15.4	14.9	14.4	13.8	13.5	13.0	12.6	12.2	11.6
26.2	17.8	17.4	16.9	16.4	15.7	15.1	14.6	14.0	13.7	13.2	12.8	12.4	11.8
26.4	18.0	17.6	17.1	16.6	15.8	15.3	14.8	14.2	13.9	13.3	13.0	12.6	12.0
26.6	18.3	17.9	17.4	16.8	16.1	15.6	15.0	14.4	14.1	13.5	13.2	12.8	12.1
26.8	18.6	18.2	17.7	17.1	16.4	15.8	15.3	14.6	14.3	13.8	13.4	12.9	12.3
27.0	18.9	18.5	18.0	17.4	16.6	16.1	15.5	14.9	14.6	14.0	13.6	13.1	12.4
27.2	19.1	18.7	18.1	17.6	16.8	16.2	15.7	15.0	14.7	14.1	13.8	13.3	12.6
27.4	19.4	19.0	18.4	17.8	17.0	16.4	15.9	15.2	14.9	14.3	14.0	13.4	12.7
27.6	19.7	19.3	18.7	18.0	17.2	16.6	16.1	15.4	15.1	14.5	14.1	13.6	12.9
27.8	20.0	19.6	19.0	18.2	17.4	16.8	16.3	15.6	15.3	14.7	14.2	13.7	13.0
28.0	20.3	19.7	19.2	18.4	17.7	17.0	16.5	15.8	15.4	14.8	14.4	13.9	13.2
28.2	20.6	20.0	19.5	18.6	17.8	17.2	16.7	16.0	15.6	15.0	14.6	14.0	13.3
28.4	20.9	20.3	19.7	18.8	18.0	17.4	16.9	16.2	15.8	15.2	14.8	14.2	13.5
28.6	21.2	20.6	20.0	19.1	18.2	17.6	17.1	16.4	16.0	15.4	15.0	14.3	13.6
28.8	21.5	20.9	20.2	19.4	18.5	17.8	17.3	16.6	16.2	15.6	15.2	14.5	13.8
29.0	21.8	21.1	20.5	19.6	18.7	18.1	17.5	16.8	16.4	15.8	15.4	14.6	13.9
29.2	22.1	21.4	20.8	19.9	19.0	18.3	17.7	17.0	16.6	16.0	15.6	14.8	14.1
29.4	22.4	21.7	21.1	20.2	19.3	18.6	17.9	17.2	16.8	16.2	15.8	15.0	14.2
29.6	22.7	22.0	21.3	20.4	19.5	18.8	18.2	17.5	17.0	16.4	16.0	15.1	14.4
29.8	23.0	22.3	21.6	20.7	19.8	19.1	18.4	17.7	17.2	16.6	16.2	15.3	14.5
30.0	23.3	22.6	21.9	21.0	20.0	19.3	18.6	17.9	17.4	16.8	16.4	15.4	14.7
30.2	23.6	22.9	22.2	21.2	20.3	19.6	18.9	18.2	17.6	17.0	16.6	15.6	14.9
30.4	23.9	23.2	22.5	21.5	20.6	19.8	19.1	18.4	17.8	17.2	16.8	15.8	15.1
30.6	24.3	23.6	22.8	21.9	20.9	20.0	19.4	18.7	18.0	17.5	17.0	16.0	15.2
30.8	24.6	23.9	23.1	22.1	21.2	20.4	19.7	18.9	18.2	17.7	17.2	16.2	15.4
31.0	24.9	24.2	23.4	22.4	21.4	20.7	19.9	19.2	18.4	17.9	17.4	16.4	15.5

| 平均回弹值 R_m | 测区混凝土强度换算表 $f_{cu,i}^c$ （MPa） | | | | | | | | | | | | |
| | 平均碳化深度值 d_m （mm） | | | | | | | | | | | | |
	0	0.5	1.0	1.5	2.0	2.5	3.0	3.5	4.0	4.5	5.0	5.5	≥6.0
31.2	25.2	24.4	23.7	22.7	21.7	20.9	20.2	19.4	18.6	18.1	17.6	16.6	15.7
31.4	25.6	24.8	24.1	23.0	22.0	21.2	20.5	19.7	18.9	18.4	17.8	16.9	15.8
31.6	25.9	25.1	24.3	23.3	22.3	21.5	20.7	19.9	19.2	18.6	18.0	17.1	16.0
31.8	26.2	25.4	24.6	23.6	22.5	21.7	21.0	20.2	19.4	18.9	18.2	17.3	16.2
32.0	26.5	25.7	24.9	23.9	22.8	22.0	21.2	20.4	19.6	19.1	18.4	17.5	16.4
32.2	26.9	26.1	25.3	24.2	23.1	22.3	21.5	20.7	19.9	19.4	18.6	17.7	16.6
32.4	27.2	26.4	25.6	24.5	23.4	22.6	21.8	20.9	20.1	19.6	18.8	17.9	16.8
32.6	27.6	26.8	25.9	24.8	23.7	22.9	22.1	21.3	20.4	19.9	19.0	18.1	17.0
32.8	27.9	27.1	26.2	25.1	24.0	23.2	22.3	21.5	20.6	20.1	19.2	18.3	17.2
33.0	28.2	27.4	26.5	25.4	24.3	23.4	22.6	21.7	20.9	20.3	19.4	18.5	17.4
33.2	28.6	27.7	26.8	25.7	24.6	23.7	22.9	22.0	21.2	20.5	19.6	18.7	17.6
33.4	28.9	28.0	27.1	26.0	24.9	24.0	23.1	22.3	21.4	20.7	19.8	18.9	17.8
33.6	29.3	28.4	27.4	26.4	25.2	24.3	23.3	22.6	21.7	20.9	20.0	19.1	18.0
33.8	29.6	28.7	27.7	26.6	25.4	24.4	23.5	22.8	21.9	21.1	20.2	19.3	18.2
34.0	30.0	29.1	28.0	26.8	25.6	24.6	23.7	23.0	22.1	21.3	20.4	19.5	18.3
34.2	30.3	29.4	28.3	27.0	25.8	24.8	23.9	23.2	22.3	21.5	20.6	19.7	18.4
34.4	30.7	29.8	28.6	27.2	26.0	25.0	24.1	23.4	22.5	21.7	20.8	19.8	18.6
34.6	31.1	30.2	28.9	27.4	26.2	25.2	24.3	23.6	22.7	21.9	21.0	20.0	18.8
34.8	31.4	30.5	29.2	27.6	26.4	25.4	24.5	23.8	22.9	22.1	21.2	20.2	19.0
35.0	31.8	30.8	29.6	28.0	26.7	25.8	24.8	24.0	23.2	22.3	21.4	20.4	19.2
35.2	32.1	31.1	29.9	28.2	27.0	26.0	25.0	24.2	23.4	22.5	21.6	20.6	19.4
35.4	32.5	31.5	30.2	28.6	27.3	26.3	25.4	24.4	23.7	22.8	21.8	20.8	19.6
35.6	32.9	31.9	30.6	29.0	27.6	26.6	25.7	24.7	24.0	23.0	22.0	21.0	19.8
35.8	33.3	32.3	31.0	29.3	28.0	27.0	26.0	25.0	24.3	23.3	22.2	21.2	20.0
36.0	33.6	32.6	31.2	29.6	28.2	27.2	26.2	25.2	24.5	23.5	22.4	21.4	20.2
36.2	34.0	33.0	31.6	29.9	28.6	27.5	26.5	25.5	24.8	23.8	22.6	21.6	20.4
36.4	34.4	33.4	32.0	30.3	28.9	27.9	26.8	25.8	25.1	24.1	22.8	21.8	20.6
36.6	34.8	33.8	32.4	30.6	29.2	28.2	27.1	26.1	25.4	24.4	23.0	22.0	20.8
36.8	35.2	34.1	32.7	31.0	29.6	28.5	27.5	26.4	25.7	24.6	23.2	22.2	21.1

续表

平均回弹值 R_m	测区混凝土强度换算表 $f^c_{cu,i}$（MPa）												
	平均碳化深度值 d_m（mm）												
	0	0.5	1.0	1.5	2.0	2.5	3.0	3.5	4.0	4.5	5.0	5.5	≥6.0
37.0	35.5	34.4	33.0	31.2	29.8	28.8	27.7	26.6	25.9	24.8	23.4	22.4	21.3
37.2	35.9	34.8	33.4	31.6	30.2	29.1	28.0	26.9	26.2	25.1	23.7	22.6	21.5
37.4	36.3	35.2	33.8	31.9	30.5	29.4	28.3	27.2	26.5	25.4	24.0	22.9	21.8
37.6	36.7	35.6	34.1	32.3	30.8	29.7	28.6	27.5	26.8	25.7	24.2	23.1	22.0
37.8	37.1	36.0	34.5	32.6	31.2	30.0	28.9	27.8	27.1	26.0	24.5	23.4	22.3
38.0	37.5	36.4	34.9	33.0	31.5	30.3	29.2	28.1	27.4	26.2	24.8	23.6	22.5
38.2	37.9	36.8	35.2	33.4	31.8	30.6	29.5	28.4	27.7	26.5	25.0	23.9	22.7
38.4	38.3	37.2	35.6	33.7	32.1	30.9	29.8	28.7	28.0	26.8	25.3	24.1	23.0
38.6	38.7	37.5	36.0	34.1	32.4	31.2	30.1	29.0	28.3	27.0	25.5	24.4	23.2
38.8	39.1	37.9	36.4	34.4	32.7	31.5	30.4	29.3	28.5	27.2	25.8	24.6	23.5
39.0	39.5	38.2	36.7	34.7	33.0	31.8	30.6	29.6	28.8	27.4	26.0	24.8	23.7
39.2	39.9	38.5	37.0	35.0	33.3	32.1	30.8	29.8	29.0	27.6	26.2	25.0	24.0
39.4	40.3	38.8	37.3	35.3	33.6	32.4	31.0	30.0	29.2	27.8	26.4	25.2	24.2
39.6	40.7	39.1	37.6	35.6	33.9	32.7	31.2	30.2	29.4	28.0	26.6	25.4	24.4
39.8	41.2	39.6	38.0	35.9	34.2	33.0	31.4	30.5	29.7	28.2	26.8	25.6	24.7
40.0	41.6	39.9	38.3	36.2	34.5	33.3	31.7	30.7	30.0	28.4	27.0	25.8	25.0
40.2	42.0	40.3	38.6	36.5	34.8	33.6	32.0	31.1	30.2	28.6	27.3	26.0	25.2
40.4	42.4	40.7	39.0	36.9	35.1	33.9	32.3	31.4	30.5	28.8	27.6	26.2	25.4
40.6	42.8	41.1	39.4	37.2	35.4	34.2	32.6	31.7	30.8	29.1	27.8	26.5	25.7
40.8	43.3	41.6	39.8	37.7	35.7	34.5	32.9	32.0	31.2	29.4	28.1	26.8	26.0
41.0	43.7	42.0	40.2	38.0	36.0	34.8	33.2	32.5	31.5	29.7	28.4	27.1	26.2
41.2	44.1	42.3	40.6	38.4	36.3	35.1	33.5	32.6	31.8	30.0	28.7	27.3	26.5
41.4	44.5	42.7	40.9	38.7	36.6	35.4	33.8	32.9	32.0	30.3	28.9	27.6	26.7
41.6	45.0	43.2	41.4	39.2	36.9	35.7	34.2	33.3	32.4	30.6	29.2	27.9	27.0
41.8	45.4	43.6	41.8	39.5	37.2	36.0	34.5	33.6	32.7	30.9	29.5	28.1	27.2
42.0	45.9	44.1	42.2	39.9	37.6	36.3	34.9	34.0	33.0	31.2	29.8	28.5	27.5
42.2	46.3	44.4	42.6	40.3	38.0	36.6	35.2	34.3	33.3	31.5	30.1	28.7	27.8
42.4	46.7	44.8	43.0	40.6	38.3	36.9	35.5	34.6	33.6	31.8	30.4	29.0	28.0
42.6	47.2	45.3	43.4	41.1	38.7	37.3	35.9	34.9	34.0	32.1	30.7	29.3	28.3

平均回弹值 R_m	测区混凝土强度换算表 $f_{cu,i}^c$ （MPa） 平均碳化深度值 d_m （mm）												
	0	0.5	1.0	1.5	2.0	2.5	3.0	3.5	4.0	4.5	5.0	5.5	≥6.0
42.8	47.6	45.7	43.8	41.4	39.0	37.6	36.2	35.2	34.3	32.4	30.9	29.5	28.6
43.0	48.1	46.2	44.2	41.8	39.4	38.0	36.6	35.6	34.6	32.7	31.3	29.8	28.9
43.2	48.5	46.6	44.6	42.2	39.8	38.3	36.9	35.9	34.9	33.0	31.5	30.1	29.1
43.4	49.0	47.0	45.1	42.6	40.2	38.7	37.2	36.3	35.3	33.3	31.8	30.4	29.4
43.6	49.4	47.4	45.4	43.0	40.5	39.0	37.5	36.6	35.6	33.6	32.1	30.6	29.6
43.8	49.9	47.9	45.9	43.4	40.9	39.4	37.9	36.9	35.9	33.9	32.4	30.9	29.9
44.0	50.4	48.4	46.4	43.8	41.3	39.8	38.3	37.3	36.3	34.3	32.8	31.2	30.2
44.2	50.8	48.8	46.7	44.2	41.7	40.1	38.6	37.6	36.6	34.5	33.0	31.5	30.5
44.4	51.3	49.2	47.2	44.6	42.1	40.5	39.0	38.0	36.9	34.9	33.3	31.8	30.8
44.6	51.7	49.6	47.6	45.0	42.4	40.8	39.3	38.3	37.2	35.2	33.6	32.1	31.0
44.8	52.2	50.1	48.0	45.4	42.8	41.2	39.7	38.6	37.6	35.5	33.9	32.4	31.3
45.0	52.7	50.6	48.5	45.8	43.2	41.6	40.1	39.0	37.9	35.8	34.3	32.7	31.6
45.2	53.2	51.1	48.9	46.3	43.6	42.0	40.4	39.4	38.3	36.2	34.6	33.0	31.9
45.4	53.6	51.5	49.4	46.6	44.0	42.3	40.7	39.7	38.6	36.4	34.8	33.2	32.2
45.6	54.1	51.9	49.8	47.1	44.4	42.7	41.1	40.0	39.0	36.8	35.2	33.5	32.5
45.8	54.6	52.4	50.2	47.5	44.8	43.1	41.5	40.4	39.3	37.1	35.5	33.9	32.8
46.0	55.0	52.8	50.6	47.9	45.2	43.5	41.9	40.8	39.7	37.5	35.8	34.2	33.1
46.2	55.5	53.3	51.1	48.3	45.5	43.8	42.2	41.1	40.0	37.7	36.1	34.4	33.3
46.4	56.0	53.8	51.5	48.7	45.9	44.2	42.6	41.4	40.3	38.1	36.4	34.7	33.6
46.6	56.5	54.2	52.0	49.2	46.3	44.6	42.9	41.8	40.7	38.4	36.7	35.0	33.9
46.8	57.0	54.7	52.4	49.6	46.7	45.0	43.3	42.2	41.0	38.8	37.0	35.3	34.2
47.0	57.5	55.2	52.9	50.0	47.2	45.2	43.7	42.6	41.4	39.1	37.4	35.6	34.5
47.2	58.0	55.7	53.4	50.5	47.6	45.8	44.1	42.9	41.8	39.4	37.7	36.0	34.8
47.4	58.5	56.2	53.8	50.9	48.0	46.2	44.5	43.3	42.1	39.8	38.0	36.3	35.1
47.6	59.0	56.6	54.3	51.3	48.4	46.6	44.8	43.7	42.5	40.1	38.4	36.6	35.4
47.8	59.5	57.1	54.7	51.8	48.8	47.0	45.2	44.0	42.8	40.5	38.7	36.9	35.7
48.0	60.0	57.6	55.2	52.2	49.2	47.4	45.6	44.4	43.2	40.8	39.0	37.2	36.0
48.2	—	58.0	55.7	52.6	49.6	47.8	46.0	44.8	43.6	41.1	39.3	37.5	36.3
48.4	—	58.6	56.1	53.1	50.0	48.2	46.4	45.1	43.9	41.5	39.6	37.8	36.6

续表

| 平均回弹值 R_m | 测区混凝土强度换算表 $f^c_{cu,i}$（MPa） | | | | | | | | | | | | |
| | 平均碳化深度值 d_m（mm） | | | | | | | | | | | | |
	0	0.5	1.0	1.5	2.0	2.5	3.0	3.5	4.0	4.5	5.0	5.5	≥6.0
48.6	—	59.0	56.6	53.5	50.4	48.6	46.7	45.5	44.3	41.8	40.0	38.1	36.9
48.8	—	59.5	57.1	54.0	50.9	49.0	47.1	45.9	44.6	42.2	40.3	38.4	37.2
49.0	—	60.0	57.5	54.4	51.3	49.4	47.5	46.2	45.0	42.5	40.6	38.8	37.5
49.2	—	—	58.0	54.8	51.7	49.8	47.9	46.6	45.4	42.8	41.0	39.1	37.8
49.4	—	—	58.5	55.3	52.1	50.2	48.3	47.1	45.8	43.2	41.3	39.4	38.2
49.6	—	—	58.9	55.7	52.5	50.6	48.7	47.4	46.2	43.6	41.7	39.7	38.5
49.8	—	—	59.4	56.2	53.0	51.0	49.1	47.8	46.5	43.9	42.0	40.1	38.8
50.0	—	—	59.9	56.7	53.4	51.4	49.5	48.2	46.9	44.3	42.3	40.4	39.1
50.2	—	—	—	57.1	53.8	51.9	49.9	48.5	47.2	44.6	42.6	40.7	39.4
50.4	—	—	—	57.6	54.3	52.3	50.3	49.0	47.7	45.0	43.0	41.0	39.7
50.6	—	—	—	58.0	54.7	52.7	50.7	49.4	48.0	45.4	43.4	41.4	40.0
50.8	—	—	—	58.5	55.1	53.1	51.1	49.8	48.4	45.7	43.7	41.7	40.3
51.0	—	—	—	59.0	55.6	53.5	51.5	50.1	48.8	46.1	44.1	42.0	40.7
51.2	—	—	—	59.4	56.0	54.0	51.9	50.5	49.2	46.4	44.4	42.3	41.0
51.4	—	—	—	59.9	56.4	54.4	52.3	50.9	49.6	46.8	44.7	42.7	41.3
51.6	—	—	—	—	56.9	54.8	52.7	51.3	50.0	47.2	45.1	43.0	41.6
51.8	—	—	—	—	57.3	55.2	53.1	51.7	50.3	47.5	45.4	43.3	41.8
52.0	—	—	—	—	57.8	55.7	53.6	52.1	50.7	47.9	45.8	43.7	42.3
52.2	—	—	—	—	58.2	56.1	54.0	52.5	51.1	48.3	46.2	44.0	42.6
52.4	—	—	—	—	58.7	56.5	54.4	53.0	51.5	48.7	46.5	44.4	43.0
52.6	—	—	—	—	59.1	57.0	54.8	53.4	51.9	49.0	46.9	44.7	43.3
52.8	—	—	—	—	59.6	57.4	55.2	53.8	52.3	49.4	47.3	45.1	43.6
53.0	—	—	—	—	60.0	57.8	55.6	54.2	52.7	49.8	47.6	45.4	43.9
53.2	—	—	—	—	—	58.3	56.1	54.6	53.1	50.2	48.0	45.8	44.3
53.4	—	—	—	—	—	58.7	56.5	55.0	53.5	50.5	48.3	46.1	44.6
53.6	—	—	—	—	—	59.2	56.9	55.4	53.9	50.9	48.7	46.4	44.9
53.8	—	—	—	—	—	59.6	57.3	55.8	54.3	51.3	49.0	46.8	45.3
54.0	—	—	—	—	—	—	57.8	56.3	54.7	51.7	49.4	47.1	45.6
54.2	—	—	—	—	—	—	58.2	56.7	55.1	52.1	49.8	47.5	46.0

平均回弹值 R_m	测区混凝土强度换算表 $f^c_{cu,i}$（MPa）												
	平均碳化深度值 d_m（mm）												
	0	0.5	1.0	1.5	2.0	2.5	3.0	3.5	4.0	4.5	5.0	5.5	≥6.0
54.4	—	—	—	—	—	—	58.6	57.1	55.6	52.5	50.2	47.9	46.3
54.6	—	—	—	—	—	—	59.1	57.5	56.0	52.9	50.5	48.2	46.6
54.8	—	—	—	—	—	—	59.5	57.9	56.4	53.2	50.9	48.5	47.0
55.0	—	—	—	—	—	—	59.9	58.4	56.8	53.6	51.3	48.9	47.3
55.2	—	—	—	—	—	—	—	58.8	57.2	54.0	51.6	49.3	47.7
55.4	—	—	—	—	—	—	—	59.2	57.6	54.4	52.0	49.6	48.0
55.6	—	—	—	—	—	—	—	59.7	58.0	54.8	52.4	50.0	48.4
55.8	—	—	—	—	—	—	—	—	58.5	55.2	52.8	50.3	48.7
56.0	—	—	—	—	—	—	—	—	58.9	55.6	53.2	50.7	49.1
56.2	—	—	—	—	—	—	—	—	59.3	56.0	53.5	51.1	49.4
56.4	—	—	—	—	—	—	—	—	59.7	56.4	53.9	51.4	49.8
56.6	—	—	—	—	—	—	—	—	—	56.8	54.3	51.8	50.1
56.8	—	—	—	—	—	—	—	—	—	57.2	54.7	52.2	50.5
57.0	—	—	—	—	—	—	—	—	—	57.6	55.1	52.5	50.8
57.2	—	—	—	—	—	—	—	—	—	58.0	55.5	52.9	51.2
57.4	—	—	—	—	—	—	—	—	—	58.4	55.9	53.3	51.6
57.6	—	—	—	—	—	—	—	—	—	58.9	56.3	53.7	51.9
57.8	—	—	—	—	—	—	—	—	—	59.3	56.7	54.0	52.3
58.0	—	—	—	—	—	—	—	—	—	59.7	57.0	54.4	52.7
58.2	—	—	—	—	—	—	—	—	—	—	57.4	54.8	53.0
58.4	—	—	—	—	—	—	—	—	—	—	57.8	55.2	53.4
58.6	—	—	—	—	—	—	—	—	—	—	58.2	55.6	53.8
58.8	—	—	—	—	—	—	—	—	—	—	58.6	55.9	54.1
59.0	—	—	—	—	—	—	—	—	—	—	59.0	56.3	54.5
59.2	—	—	—	—	—	—	—	—	—	—	59.4	56.7	54.9
59.4	—	—	—	—	—	—	—	—	—	—	59.8	57.1	55.2
59.6	—	—	—	—	—	—	—	—	—	—	—	57.5	55.6
59.8	—	—	—	—	—	—	—	—	—	—	—	57.9	56.0
60.0	—	—	—	—	—	—	—	—	—	—	—	58.3	56.4

附录 D　泵送混凝土测区混凝土强度换算值的修正值

碳化深度值（mm）	抗压强度值（MPa）				
0.0；0.5；1.0	f_{cu}^c（MPa）	≤40.0	45.0	50.0	55.0~60.0
	K（MPa）	+4.5	+3.0	+1.5	0.0
1.5；2.0	f_{cu}^c（MPa）	≤30.0	35.0	40.0~60.0	
	K（MPa）	+3.0	+1.5	0.0	

注：表中未列入的 $f_{cu,i}^c$ 值，可用内插法求得，精确至0.1MPa。

第六章 砌筑砂浆性能检测

第一节 砌筑砂浆检测一般规定

一、砌筑砂浆性能检测的一般规定

1. 砌筑砂浆必试项目包括稠度试验、分层度试验、抗压强度试验。

2. 执行标准

《砌体工程施工质量验收规范》（GB 50203—2002）。

《建筑砂浆基本性能试验方法》（JGJ 70—1990）。

《砌筑砂浆配合比设计规程》（JGJ 98—2000）。

二、砂浆拌合物的取样和试样制备

1. 建筑砂浆试验用料应根据不同要求，可以从同一盘搅拌机或同一车运送的砂浆中取出；在试验室取样时，可从机械或人工拌合的砂浆中取出。

2. 施工中取样进行砂浆试验时，其取样方法和原则按相应的施工验收规范执行。应在使用地点的砂浆槽、砂浆运送车或搅拌机出料口等至少三个不同部位取样。所取试样的数量应多于试验用料的 1~2 倍。

3. 试验室拌制砂浆进行试验时，拌合用的材料要求提前运入室内，拌合时试验室的温度应保持在 20 ±5℃ 范围内。

4. 试验用水泥和其他原材料应与现场使用材料一致。水泥如有结块应充分混合均匀，以 0.9mm 筛过筛，砂也应以 5mm 筛过筛。

5. 试验室拌制砂浆时，材料应称重计量。称量精度为：水泥、外加剂等为 ±0.5%；砂、石灰膏、黏土膏和粉煤灰等为 ±1%。

6. 试验室用搅拌机搅拌砂浆时，搅拌的用量宜少于搅拌机容量的20%，搅拌时间不宜少于 2min。

7. 砂浆拌合物取样后，应尽快进行试验。现场取来的试样，在试验前应经人工再翻拌以保证其质量均匀。

第二节 砌筑砂浆稠度检测

砂浆的稠度即砂浆在外力作用下的流动性，它反映了砂浆在实际施工应用中的可操作性。设计砂浆配合比时，可以通过稠度检测来确定能够满足施工要求的用水量。

一、试验仪器

砂浆搅拌机。

拌合铁板：约 1.5m×2m，厚度为 3mm。

磅秤：称量 50kg，感量 50g。

台秤：称量 10kg，感量 5g。

砂浆稠度仪：由试锥、容器和支座三部分组成，如图 6-1 所示。试锥高度为 145mm，锥底直径为 75mm，试锥连同滑杆的质量为 300g；盛砂浆容器高为 180mm，锥底直径为 150mm，支座分底座、支架、稠度读数盘三部分。

钢制捣棒，直径 10mm，长 350mm，端部磨圆。

铁铲、抹刀、量筒、秒表、盛器等。

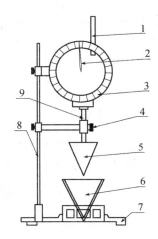

图 6-1　砂浆稠度仪

1—齿条测杆；2—指针；3—刻度盘；
4—连动片；5—试锥；6—盛样筒；
7—底座；8—支架；9—滑杆

二、拌合方法

1. 人工拌合

（1）将称量好的砂子倒在拌板上，然后加入水泥，用拌铲拌合至混合物颜色均匀为止。

（2）将混合物堆成堆，在中间作凹槽。将称好的石灰膏（或黏土膏）倒入凹槽中（若为水泥砂浆，则将称好的水的一半倒入凹槽中），再加适量的水将石灰膏或黏土膏调稀，然后与水泥、砂共同拌合，用量筒逐次加水并拌合，直至拌合物色泽一致，和易性凭经验调整至符合要求为止。

（3）水泥砂浆每翻拌一次，需用拌铲将全部砂浆压切一次。一般每次拌合需 3～5min（从加水完毕时算起）。

2. 机械拌合

（1）先拌适量砂浆（应与正式拌合时的砂浆配合比相同），使搅拌机内壁粘附一薄层水泥砂浆，使正式拌合时的砂浆配合比成分准确，保证拌制质量。

（2）称出各项材料用量，再将砂、水泥装入搅拌机内。

（3）开动搅拌机，将水徐徐加入（混合砂浆需将石灰膏或黏土膏用水调稀至浆状），搅拌约 3min（搅拌的用量不宜少于搅拌机容量的 20%，搅拌时间不宜小于 2min）。

（4）将砂浆搅拌物倒入拌合铁板上，用拌铲翻拌约两次，使之混合均匀。

三、试验步骤

（1）将盛浆容器和试锥表面用湿布擦干净，检查滑杆能否自由滑动。

（2）将砂浆拌合物一次装入容器，使砂浆表面低于容器口约 10cm 左右，用捣棒自容器中心开始向边缘插捣 25 次，然后轻轻地将容器摇动或敲击 5～6 次，使砂浆表面平整，然后将容器至于稠度测定仪底座上。

（3）放松试锥滑杆的制动螺丝，使试锥尖端与砂浆表面刚好接触，拧紧制动螺丝，将齿条测杆下端刚接触滑杆上端，并将指针对准零点上。

（4）突然松开制动螺丝，使试锥沉入砂浆中，待10s后立即固定螺丝，将齿条测杆下端接触滑杆上端，从刻度盘上读出下沉深度（精确至1mm），即为砂浆的稠度值（沉入度）。

（5）圆锥形容器内的砂浆，只允许测定一次稠度，重复测定时，应重新进行取样后再行测定。

四、结果评定

取两次检测结果的算术平均值作为砂浆稠度测定结果（计算值精确至1mm）。若两次检测值之差大于20mm，则应另取砂浆配料搅拌后重新测定。

第三节　砂浆分层度检测

测定砂浆的分层度，是评定砂浆保水性的一个重要指标。

一、主要仪器设备

（1）分层度筒：其内径为150mm，上节高度200mm，下节带底净高100mm，用金属板（多为铁质）制成圆筒仪器，如图6-2所示。连接时，在上、下层之间加设橡胶垫圈。

（2）砂浆稠度仪、木锤等。

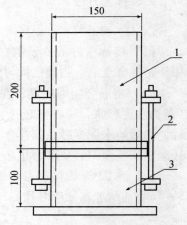

图6-2　砂浆分层度筒
1—无底圆筒；2—连接螺栓；3—有底圆筒

二、试验步骤

（1）先按砂浆稠度检测方法评定拌合物的稠度。

（2）将砂浆拌合物一次装入分层度筒内，待装满后，用木槌在容器周围距离大致相等的四个不同部位轻轻敲击1~2次，如砂浆沉落到低于筒口状态，则应随时添加同批拌制的砂浆，然后刮去多余的砂浆，并用抹刀将筒口抹平。

（3）静置30min后，去掉上部200mm的砂浆，剩余100mm的砂浆倒入搅拌锅内重新搅拌2min，然后按前述的稠度检测方法测定其稠度。前后两次测得的稠度之差即为砂浆的分层度值。

三、结果评定

（1）取两次试验结果的算术平均值作为该批砂浆的分层度值。

（2）两次分层度检测值之差若大于20mm，应重新再做取样检测。

第四节　砂浆立方体抗压强度检测

砂浆立方体抗压强度是评定砂浆强度等级的依据，是砂浆质量评定的主要指标。

一、主要仪器设备

试模：内壁边长为 70.7mm 的无底立方体金属试模。由铸铁或钢制成，应具有足够的强度和刚度并能方便拆装。试模的内表面应进行机械加工，其不平整度应为每 100mm 不超过 0.05mm，组装后各相邻面的不垂直度不应超过 ±0.5°。

捣棒：直径 10mm、长 350mm 的钢棒，端部应磨圆。

压力试验机：采用精度（示值的相对误差）不大于 ±2% 的试验机，其量程应能使试件的预期破坏荷载值不小于全量程的 20%，也不大于全量程的 80%。

垫板：试验机上、下压板及试件之间可垫以钢垫板，垫板的尺寸应大于试件的承压面，其不平度应为每 100mm 不超过 0.2mm。

二、试件的制作及养护

（1）将无底试模置于铺有一层吸水性较好的纸的普通黏土砖上（砖的吸水率不小于 10%，含水率不大于 2%），试模内壁事先涂满一薄层机油或脱模剂。

（2）放于砖上的湿纸，应为湿的新闻纸（或其他未黏过胶凝材料的纸），纸的大小要以能盖过砖的四边为准，砖的使用面要平整，砖的四个垂直面粘过水泥或其他胶结材料后，不允许再使用。

（3）向试模内一次注满砂浆，并使其高出模口，用捣棒均匀地由外向里按螺旋方向插捣 25 次，然后在试模皿内侧用油灰刀沿试模壁插捣数次，砂浆应高出顶面 6~8mm。

（4）当砂浆表面开始出现麻斑状态时（约 15~30min），将高出部分的砂浆沿试模顶面削去并抹平。

（5）试件制作后应在 20±5℃ 的环境中停置 24±2h，当气温较低时，可以适当延长时间，但不应超过 48h，然后进行编号拆模，并在标准养护条件下，持续养护至 28d，然后进行试压。

（6）标准养护的条件是：水泥混合砂浆，环境温度应为 20±3℃，相对湿度60%~80%；水泥砂浆和微沫砂浆环境温度应为 20±3℃，相对湿度 90% 以上。养护期间，试件彼此间隔不小 10mm。

注意：当无标准养护条件时，可采用自然养护，其条件是：水泥混合砂浆应为正温度，相对湿度为 60%~80% 不通风的室内或养护箱；水泥砂浆和微沫砂浆应为正温度并保持表面湿润（如将试块置于湿砂堆中）；养护期间必须作好温度记录。在有争议时，以标准养护条件为准。

三、抗压强度测定步骤

（1）将试样从养护地点取出后应尽快进行试验，以免试件内部的温湿度发生显著变化。检测前先将试件表面擦拭干净，并测量尺寸，检查其外观。试块尺寸测量精确至1mm，并据此计算试件的承压面积。若实测尺寸与公称尺寸之差不超过1mm，可按公称尺寸进行计算。

（2）将试件置于压力机的下压板上，试件的承压面应与成型时的顶面垂直，试件中心应与下压板中心对准。

（3）开动压力机，当上压板与试件接近时，调整球座，使接触面均衡受压。加荷应均匀而连续。加荷速度应为0.5~1.5kN/s（砂浆强度不大于5MPa时，取下限为宜；大于5MPa时，取上限为宜），当试件接近破坏而开始变形时，停止调整压力机油门，直至试件破坏，记录下破坏荷载 N。

四、结果计算

单个砂浆试件的抗压强度由式（6-1）计算（精确至0.1MPa）：

$$f_{m,cu} = \frac{N_u}{A} \tag{6-1}$$

式中　$f_{m,cu}$——砂浆立方体抗压强度，MPa；

　　　N_u——立方体破坏荷载，N；

　　　A——试件承压面积，mm^2。

强度检测时，每组至少应备6个试件，取其抗压强度的算术平均值作为该组试件的抗压强度值（平均值计算结果精确到0.1MPa）。

当6个试件的最大值或最小值与平均值之差值超过20%时，以中间4个试件的平均值作为该组试件的抗压强度值。

五、附注

以上砂浆抗压强度检测适用于吸水基底的砂浆，对用于不吸水基底的砂浆（如用于装配式混凝土结构中接头或接缝的砂浆，水泥砂浆制品等）则可以参照《钢丝网水泥用砂浆力学性能试验方法》（BT 897—1987）进行检测。该检测标准与JGJ 70—1990的主要区别如下：

试模：采用内壁边长为70.7mm的有底立方体试模（钢或铸铁制造）。

成型：稠度不大于90mm的砂浆，采用振动台振实30~45s；大于90mm的采用捣棒人工捣实。人工捣实时，用直径16mm钢棒分两层插捣，每层插捣12次。用于测定现场构件用砂浆性能时，试件成型方法与实际施工采用的方法相似。

结果评定：砂浆抗压强度检测结果按每组3个检测值的算术平均值评定。三个测值中的最大值或最小值如有一个与中间值的差值超过中间值的15%，则取中间值作为该组试件的强度值；如有两个测值与中间值的差值超过15%，则该组试件的检测结果无效。

六、砌筑砂浆强度检验评定

砌筑砂浆强度检验评定根据《砌体工程施工质量验收规范》（GB 50203—2002）的

要求进行。

（1）每一检验批次不超过250m³。砌体的各类型及强度等级的砌筑砂浆，每台搅拌机应至少抽检一次；

（2）在施工现场砂浆搅拌机出料口随机取样制作砂浆试块（同盘砂浆只应做一组试块）；

（3）砂浆强度应以标准养护、龄期为28d的试块抗压试验结果为准。

同一验收批的砌筑砂浆试块强度验收时，其强度合格标准应同时符合下列要求：

$$f_{2.m} \geqslant f_2$$
$$f_{2.min} \geqslant 0.75f_2$$

式中　$f_{2.m}$——同一验收批中砂浆试块立方体抗压强度平均值，MPa；

　　　f_2——验收批砂浆设计强度等级所对应的立方体抗压强度，MPa；

　　　$f_{2.min}$——同一验收批中砂浆试块立方体抗压强度的最小一组平均值，MPa。

砌筑砂浆的验收批，同一类型、强度等级的砂浆试块应不少于三组。当同一验收批只有一组试块时，该组试块抗压强度的平均值必须大于或等于设计强度等级所对应的立方体抗压强度。

砌筑砂浆实训报告

送检试样：_____ 委托编号：_____

委托单位：_____ 试验委托人：_____

工程名称及部位（或构件名称）：_____

一、送检试样资料

品种标号：_____ 厂别牌号：_____

出厂日期：_____ 进场日期：_____

代表数量：_____ 来样日期：_____

二、试验内容

_____

_____

_____

_____

三、主要仪器设备及规格型号

_____

_____

_____

_____

四、试验记录

试验日期：_____

1. 砌筑砂浆稠度试验与分层度试验

执行标准：_____

施工单位		砂浆品种		稠度（mm）	
使用部位		强度等级		分层度（mm）	
材料名称	产地	品种	规格	1m³ 砂浆材料用量（kg）	每盘材料称量（kg）
水泥					
砂					
石灰膏					
掺合料					
水					

质量配合比为

2. 砌筑砂浆抗压强度检测报告

执行标准：_____

砂浆品种		使用部位		成型日前	
强度等级		稠度（mm）		试验日期	
质量配合比		执行标准		实际龄期（d）	

编号	试件边长（mm）	承压面积（mm²）	破坏荷载（kN）		抗压强度（MPa）	达到设计强度等级百分比（%）
			单块	平均		
1						
2						
3						
4						
5						
6						
备注						

3. 结果评定

单块试件抗压强度最大值 $f_{mcu} = \dfrac{N_u}{A}$	单块试件抗压强度最小值 $f_{mcu,min} = \dfrac{N_u}{A}$	试验平均值	砂浆强度等级

备注及问题说明：

审批（签字）：_____　审核（签字）：_____　试验（签字）：_____

检测单位（盖章）_____

报告日期：　　年　　月　　日

注：本表一式四份（建设单位、施工单位、试验室、城建档案馆存档各一份）

第七章 砌墙砖及砌块性能检测

第一节 砌墙砖及砌块试验基本规定

一、执行标准

《砌墙砖试验方法》GB/T 2542—2003。
《烧结普通砖》GB/T 5101—2003。
《烧结多孔砖》GB 13544—2000。
《轻集料混凝土小型空心砌块》GB/T 15229—2002。
《烧结空心砖和空心砌块》GB 13545—2003。
《粉煤灰砖》JC 239—2001。
《粉煤灰砌块》JC 238—1996。
《蒸压灰砂砖》GB 11945—1999。
《蒸压灰砂空心砖》JC/T 637—1996。
《普通混凝土小型空心砌块》GB 8239—1997。
《蒸压加气混凝土砌块》GB/T 11968—2006。

二、砌墙砖及砌块必试项目

砌墙砖及砌块必试项目、组批原则及取样规定见表 7-1：

表 7-1 砌墙砖及砌块必试项目、组批原则及取样规定

序号	材料名称及标准规范	试验项目	组批原则及取样规定
1	烧结普通砖 GB/T 5101—2003	必试：抗压强度 其他：抗风化、泛霜、石灰爆裂、抗冻性	1. 每 15 万块为一验收批，不足 15 万块也按一批计。 2. 每一验收批随机抽取试样一组（10 块）
2	烧结多孔砖 GB 13544—2000	必试：抗压强度 其他：冻融、泛霜、石灰爆裂、吸水率	1. 每 15 万块为一验收批，不足 15 万块也按一批计。 2. 每一验收批随机抽取试样一组（10 块）
3	烧结空心砖和空心砌块 GB 13545—2003	必试：抗压强度（大条面） 其他：密度、冻融、泛霜、石灰爆裂、吸水率	1. 每 3.5～15 万块为一验收批，不足 3.5 万块也按一批计。 2. 每批从尺寸偏差和外观质量检验合格的砖中，随机抽取抗压强度试验试样一组（5 块）

序号	材料名称及标准规范	试验项目	组批原则及取样规定
4	粉煤灰砖 JC 239—2001	必试：抗压强度 　　　抗折强度 其他：抗冻性、干燥收缩	1. 每10万块为一验收批，不足10万块也按一批计。 2. 每一验收批随机抽取试样一组（20块）
5	粉煤灰砌块 JC 238—1996	必试：抗压强度 　　　抗折强度 其他：密度、碳化、 　　　抗冻性、干燥收缩	1. 每200m³ 为一验收批，不足200m³ 也按一批计。 2. 每批从尺寸偏差和外观质量检验合格的砌块中，随机抽取试样一组（3块），将其切割成边长为200mm的立方体试件进行试验
6	蒸压灰砂砖 GB 11945—1999	必试：抗压强度 其他：密度、抗冻性	1. 每10万块为一验收批，不足10万块也按一批计。 2. 每一验收批随机抽取试样一组（120块）
7	蒸压灰砂空心砖 JC/T 637—1996	必试：抗压强度 其他：抗冻性	1. 每10万块为一验收批，不足10万块也按一批计。 2. 从外观合格的砖样中，随机抽取2组10块（NF砖2组20块）进行抗压强度试验和抗冻性试验。 注：NF 为规格代号，尺寸为240mm×115mm×53mm
8	普通混凝土小型空心砌块 GB 8239—1997	必试：抗压强度（大条面） 其他：抗折强度、密度、 　　　空心率、含水率、 　　　吸水率、干燥收缩 　　　软化系数、抗冻性	1. 每1万块为一验收批，不足1万块也按一批计。 2. 每批从尺寸偏差和外观质量检验合格的砖中，随机抽取抗压强度试验试样一组（5块）
9	轻集料混凝土小型空心砌块 GB/T 15229—2002	必试：抗压强度 其他：同上	
10	蒸压加气混凝土砌块 GB/T 11968—2006	必试：抗压强度 　　　干体积密度 其他：干燥收缩、抗冻性、 　　　导热性	1. 每1万块为一验收批，不足1万块也按一批计。 2. 每批从尺寸偏差和外观质量检验合格的砌块中，制作3组试件进行抗压强度试验，制作3组试件做干体积密度检验

第二节 砌墙砖性能检测

一、尺寸测量

1. 主要仪器

砖用卡尺：分度值为 0.5mm，如图 7-1 所示。

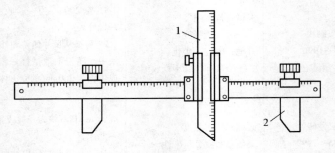

图 7-1 砖用卡尺

1—垂直尺；2—支脚

2. 测量方法

砖样的长度和宽度应在砖的两个大面的中间处分别测量两个尺寸，高度应在砖的两个条面的中间处分别测量两个尺寸，如图 7-2 所示，当被测处缺损或凸出时，可在其旁边测量，但应选择不利的一侧进行测量。

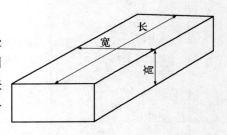

图 7-2 砖的尺寸量法

3. 结果评定

结果分别以长度、宽度和高度的最大偏差值表示，不足 1mm 者按 1mm 计。

二、外观质量检查

1. 主要仪器

砖用卡尺：分度值 0.5mm，如图 7-1 所示；

钢直尺：分度值 1mm。

2. 测量方法

（1）缺损

缺棱掉角在砖上造成的破损程度，以破损部分对长、宽、高三个棱边的投影尺寸来度量，称为破坏尺寸。如图 7-3 所示。缺损造成的破坏面，系指缺损部分对条、顶面（空心砖为条、大面）的投影面积，如图 7-4 所示。空心砖内壁残缺及肋残缺尺寸，以长度方向的投影尺寸来度量。

126

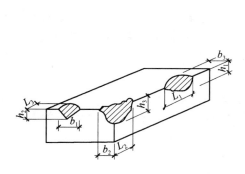 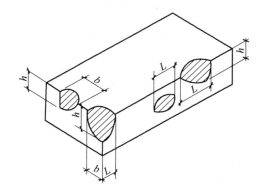

图 7-3　缺棱掉角砖的破坏尺寸量法　　　　图 7-4　缺损在条、顶面上造成

L_1、L_2、L_3—长度方向的投影量；　　　　　　　破坏的尺寸量法

b_1、b_2、b_3—宽度方向的投影量；

h_1、h_2、h_3—高度方向的投影量

（2）裂纹

裂纹分为长度方向、宽度方向和水平方向三种，以被测方向上的投影长度表示。如果裂纹从一个面延伸至其他面上时，则累计其延伸的投影长度，如图 7-5 所示。多孔砖的孔洞与裂纹相通时。则将孔洞包括在裂纹内一并测量，如图 7-6 所示。裂纹长度以在三个方向上分别测得的最长裂纹作为测量结果。

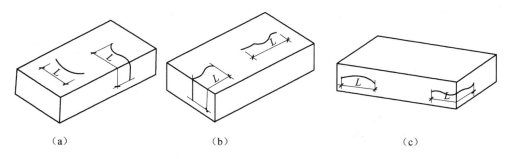

（a）　　　　　　　　　（b）　　　　　　　　　（c）

图 7-5　砖裂纹长度量法

（a）宽度方向裂纹长度量法；（b）长度方向裂纹长度量法；（c）水平方向裂纹长度量法

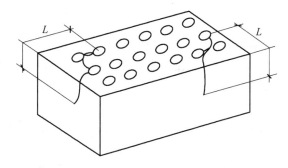

图 7-6　多孔砖裂纹通过孔洞时的尺寸量法

（3）弯曲

弯曲分别在大面和条面上测量，测量时将砖用卡尺的两只脚沿棱边两端放置，择其弯曲最大处将垂直尺推至砖面，如图7-7所示。但不应将因杂质或碰伤造成的凹陷计算在内。以弯曲测量中测得的较大者作为测量结果。

（4）砖杂质凸出高度量法

杂质在砖面上造成的凸出高度，以杂质距砖面的最大距离表示。

测量时将砖用卡尺的两只脚置于杂质凸出部分两侧的砖平面上，以垂直尺测量，如图7-8所示。

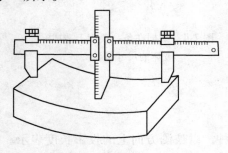

图7-7　砖的弯曲量法　　　　　　　图7-8　砖的杂质凸出量法

（5）色差

装饰面朝上随机分成两排并列，在自然光下距离砖样2m处目测。

3. 结果评定

外观测量以mm为单位，不足1mm者均按1mm计。

三、抗折强度检测

1. 主要仪器设备

材料试验机：示值相对误差不大于±1%，其下压板应为球形铰支座，预期最大破坏荷载应在量程的20%～80%之间。

抗折夹具：抗折试验的加荷形式为三点加荷，其上压辊和直支辊的曲率半径为15mm，下支辊应有一个为铰接固定。

钢直尺：分度值为1mm。

2. 试样

（1）试样数量：按产品标准的要求确定；

（2）试样处理：非烧结砖应放在温度为20±5℃的水中浸泡24h后取出，用湿布拭去其表面水分进行抗折强度试验；烧结砖不需浸水及其他处理，直接进行试验。

3. 试验步骤

（1）按尺寸测量的规定，测量试样的宽度和高度尺寸各2个，分别取其算术平均值，精确至1mm。

（2）调整抗折夹具下支辊的跨距为砖规格长度减去40mm。但规格长度为190mm的砖样其跨距为160mm。

（3）将试样大面平放在下支辊上，试样两端面与下支辊的距离应相同。当试样有裂纹或凹陷时，应使有裂纹或凹陷的大面朝下放置，以 50~150N/s 的速度均匀加荷，直至试样断裂，记录最大破坏荷载 F。

（4）结果计算与评定：每块试样的抗折强度 R_c 按式（7-1）计算，精确至 0.01MPa：

$$R_c = \frac{3FL}{2BH^2} \tag{7-1}$$

式中　R_c——砖样试块的抗折强度，MPa；

　　　　F——最大破坏荷载，N；

　　　　L——跨距，mm；

　　　　H——试样高度，mm；

　　　　B——试样宽度，mm。

检测结果以试样抗折强度的算术平均值和单块最小值表示，精确至 0.01MPa。

四、抗压强度检测

1. 主要仪器设备

材料试验机：示值相对误差不大于 ±1%，其下压板应为球形铰支座，预期最大破坏荷载应在量程的 20%~80% 之间。

抗压试件制备平台：试件制备平台必须平整水平，可用金属或其他材料制作。

水平尺：规格为 250~350mm。

钢直尺：分度值为 1mm。

振动台：分度值为 1mm。

制样模具、砂浆搅拌机和切割设备。

2. 试样制备

（1）烧结普通砖

将试样切断或锯成两个半截砖，断开后的半截砖长不得小于 100mm。如果不足 100mm，应另取备用试样补足。在试样制备平台上将已断开的半截砖放入室温的净水中浸 10~20min 后取出，并以断口相反方向叠放，两者中间抹以厚度不超过 5mm 的水泥净浆粘结，上下两面用厚度不超过 3mm 的同种水泥浆抹平。水泥浆用 32.5 或 42.5 的普通硅酸盐水泥调制、稠度要适宜。制成的试件上、下两面需相互平行，并垂直于侧面，如图 7-9 所示。

（2）多孔砖、空心砖

试件制作采用坐浆法操作。即用玻璃板置于试件制备平台上，其上铺一张湿的垫纸，纸上铺一层厚度不超过 5mm 的用 32.5 或 42.5 普通硅酸盐水泥制成的稠度适宜的水泥净浆，再将经水中浸泡

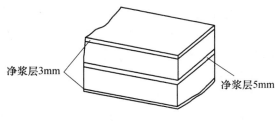

图 7-9　抗压试件

净浆层3mm

净浆层5mm

10～20min 的试样平稳地将受压面放在水泥浆上，在另一受压面上稍加压力，使整个水泥层与砖的受压面相互粘结，砖的侧面应垂直于玻璃板。待水泥浆适当凝固后，连同玻璃板翻放在另一铺纸放浆的玻璃板上，再进行坐浆，其间用水平尺校正玻璃板的水平。

（3）非烧结砖

同一块试样的两半截砖断口相反叠放，叠合部分不得小于 100mm，即为抗压强度试件。如果不足 100mm 时则应剔除，另取备用试样补足。

3. 试件养护

（1）抹面试件置于不低于 10℃的不通风室内养护 3d；

（2）非烧结砖不需通风养护，直接进行试验。

4. 试验步骤

（1）测量每个试件连接面或受压面的长、宽尺寸各 2 个，分别取其平均值，精确至 1mm。

（2）将试件平放在加压板的中央，垂直于受压面加荷，加荷过程应均匀平稳，不得发生冲击或振动，加荷速度以 2～6kN/s 为宜。直至试件破坏为止，记录最大破坏荷载 F。

5. 结果计算与评定

每块试样的抗压强度 R_P 按式（7-2）计算（精确至 0.1MPa）：

$$R_P = \frac{F}{LB}$$

（7-2）

式中　R_P——砖样试件的抗压强度，MPa；

F——最大破坏荷载，N；

L——试件受压面（连接面）的长度，mm；

B——试件受压面（连接面）的宽度，mm。

试验结果以试样抗压强度的算术平均值和单块最小值表示，精确至 0.1MPa。

第三节　混凝土小型空心砌块性能检测

一、尺寸测量和外观质量检查

1. 量具

钢直尺或钢卷尺，分度值 1mm。

2. 尺寸测量

（1）长度在条面的中间测量，宽度在顶面的中间测量，高度在顶面的中间测量。每项在对应两面各测一次，精确至 1mm。

（2）壁、肋厚在最小部位测量，每选两处各测一次，精确至 1mm。

3. 外观质量检查

（1）将直尺贴靠坐浆面、铺浆面和条面，测量直尺与试件之间的最大间距，精确至 1mm。

（2）缺棱掉角检查：将直尺贴靠棱边，测量缺棱掉角在长、宽、高三个方向的投影尺寸，精确至 1mm。

（3）裂纹检查：用钢直尺测量裂纹在所在面上的最大投影尺寸，如裂纹由一个面延伸到另一个面时，则累计其延伸的投影尺寸，精确至 1mm。

4. 结果评定

（1）试件的尺寸偏差以实际测量的长度、宽度和高度与规定尺寸的差值表示。

（2）弯曲、缺棱掉角和裂纹长度的测量结果以最大测量值表示。

二、抗压强度试验

1. 主要仪器设备

材料试验机：同前。

钢板：厚度不小于 10mm，平面尺寸应大于 440mm×240mm。钢板的一面需平整，精度要求在长度方向范围内的平面度不大于 0.1mm。

玻璃平板：厚度不小于 6mm，平面尺寸要求与钢板相同。

水平尺。

2. 试样制备

（1）取样：试件数量为五个砌块。

（2）试样制备：处理坐浆面和铺浆面，使之成为互相平行的平面。将钢板置于稳固的底座上，平整面向上，用水平尺调至水平。在钢板上先薄薄地涂一层机油或铺一层湿纸，然后铺一层 1 份质量的 32.5MPa 以上的普通硅酸盐水泥和 2 份细砂，加入适量的水调成的砂浆，将试件的坐浆面湿润后平稳地压入砂浆层内，使砂浆层尽可能均匀，厚度为 3~5mm。将多余的砂浆沿试件棱边刮掉，静置 24h 后，再按上述方法处理试件的坐浆面。为使两面能彼此平行，在处理铺浆面时，应将水平尺置于现已向上的坐浆面上，调至水平。在温度 10℃ 以上不通风的室内养护 3d 后做抗压强度试验。

（3）为缩短时间，也可在坐浆面砂浆层处理后，不经静置立即在向上的铺浆面上铺一层砂浆，压上事先涂油的玻璃平板，边压边观察砂浆层，将气泡全部排出，并用水平尺调至水平，使砂浆层尽可能均匀，厚度为 3~5mm。

3. 试验步骤

（1）按尺寸测量方法测定每个试件的长度和宽度，分别求出各个方向的平均值，精确至 1mm。

（2）将试件置于试验机承压板上，将试件的轴线与试验机压板的压力中心重合，以 10~30N/s 的速度加荷，直至试件破坏，记录最大荷载 F。若试验机压板不足以覆盖试件受压面时，可在试件的上、下承压面加辅助钢制压板。辅助钢制压板的背面光洁度应与试验机原压板相同，其厚度至少为原压板边至辅助钢制压板最远角距离的 1/3。

4. 抗压强度计算

单个试件抗压强度按式（7-3）计算，精确至 0.1MPa。

$$R = \frac{F}{LB} \tag{7-3}$$

式中　R——试件的抗压强度，MPa；

　　　F——破坏荷载，N；

L，B——分别为受压面的长度和宽度，mm。

试验结果以五个试件抗压强度的算术平均值和单块最小值表示，精确至 0.1MPa。

三、抗折强度试验

1. 仪器设备

材料试验机：同前

钢棒：直径 35～40mm，长度 210mm，数量为三根。

抗折支座：由安放在底板上的两根钢棒组成，其中至少有一根是可以自由滚动的。

2. 试样制备

（1）取样：试件数量为五个砌块。

（2）试样制备：按测量规定测量每个试件的高度和宽度，分别求出各个方向的平均值。

（3）试件表面处理：按规定进行表面处理后，将试件孔洞中的砂浆层打掉。

3. 试验步骤

（1）将抗折支座置于材料试验机承压板上，调整钢棒轴线间的距离，使其等于试件长度减一个坐浆面处的肋厚，再使抗折支座的中线与试验机压板的压力中心重合。

（2）将试件的坐浆面置于抗折支座上。

（3）在试件的上部二分之一长度处放置一根钢棒。

（4）以 250N/s 的速度加荷直至试件破坏，记录最大破坏荷载 F。

4. 结果计算与评定

每个试件的抗压强度 R_z 按式（7-4）计算，精确至 0.1MPa：

$$R_z = \frac{3FL}{2BH^2} \tag{7-4}$$

式中　R_z——试件的抗折强度，MPa；

　　　F——最大破坏荷载，N；

　　　L——跨距，mm；

　　　H——试样高度，mm；

　　　B——试样宽度，mm。

试验结果以五个试样抗折强度的算术平均值和单块最小值表示，精确至 0.1MPa。

砌墙砖实训报告

送检试样：_____ 委托编号：_____

委托单位：_____ 试验委托人：_____

工程名称及部位：_____

一、送检试样资料

种类		强度等级		使用部位	
产地		送样日期		试验项目	
厂家		取样数量		执行标准	

二、试验内容

_____

_____

_____

_____

三、主要仪器设备及规格型号

_____

_____

_____

四、试验记录

试验日期：_____

1. 抗折强度检测

编号	试件尺寸（宽 b × 厚 h × 支点距离 L，mm）	抗折系数 K	破坏荷载 F（N）	抗折强度（MPa）	抗折强度平均值 $f_折$（MPa）	单块最小值 $f_小$（MPa）

2. 抗压强度测试

编号	试件尺寸（长×宽，mm）	受压面积（mm²）	破坏荷载（N）	抗压强度（MPa）	结果评定			
					项目	实测值	计算值	标准值
1					强度平均值			
2					变异系数			
3					强度标准值			
4					单块最小值			
5								
6								
7								
8								
9								
10								

备注及问题说明：

审批（签字）：_____审核（签字）：_____试验（签字）：_____

检测单位（盖章）_____

报告日期：　　　年　　　月　　　日

注：本表一式四份（建设单位、施工单位、试验室、城建档案馆存档各一份）

第八章　建筑钢材性能检测

第一节　建筑钢材试验一般规定

一、一般规定

1. 钢材必试项目

拉伸试验：测定屈服强度、抗拉强度、伸长率；

冷弯试验。

2. 执行标准

《金属材料室温拉伸试验方法》（GB/T 228—2002）。

《金属材料弯曲试验方法》（GB/T 232—1999）。

《钢筋混凝土用钢　第2部分：热轧带肋钢筋》（GB 1499.2—2007）。

《钢筋混凝土用钢　第1部分：热轧光圆钢筋》（GB 1499.1—2008）。

《钢筋焊接及验收规程》（JGJ 18—2003）。

二、钢材取样方法

1. 检验批的确定

（1）热轧光圆钢筋、余热处理钢筋每批由质量不大于60t的同一牌号、同一炉罐号、同一规格、同一交货状态的钢筋组成。

（2）热轧带肋钢筋、低碳钢热轧圆盘条每批由质量不大于60t的同一级别、同一炉罐号、同一规格的钢筋组成。

（3）碳素结构钢每批由质量不大于60t的同一级别、同一炉罐号、同一品种、同一尺寸、同一交货状态的钢筋组成。

（4）冷轧带肋钢筋每批由质量不大于同一级别、同一外形、同一规格、同一生产工艺和同一交货状态的钢筋组成。

2. 取样方法

取样时，应在钢筋或圆盘条的任意一端截去500mm后切取。

钢筋的拉伸和弯曲试验的试样可在每批材料中任选两根钢筋切取。钢筋试样不需作任何加工。低碳圆盘条冷弯试件取自同盘的两端。

（1）直条钢筋

每批直条钢筋应做两个拉伸试验、两个弯曲试验。碳素结构钢每批应做一个拉伸试验、一个弯曲试验。

（2）盘条钢筋

每批盘条钢筋应做一个拉伸试验、两个弯曲试验。

（3）冷轧带肋钢筋

逐盘或逐捆做一个拉伸试验，CRB550 级每批做两个弯曲试验，CRB650 级及以上每批做两个反复弯曲试验。

第二节　钢筋性能检测

一、仪器设备

1. 试验机：根据相应的荷载能力选择合适的型号或量程，准确度 1 级或优于 1 级；
2. 引伸计：其可夹持标距与示值范围应与试样要求相吻合，准确度不劣于 1 级；
3. 游标卡尺、钢直尺等。

二、钢筋拉伸性能

测定钢筋的屈服强度、抗拉强度及伸长率，注意观察拉力与变形之间的关系，为检验和评定钢材的力学性能提供依据。试验系用拉力拉伸试样，一般拉至断裂，测定钢筋的一项或几项力学性能。试验一般在室温 10～35℃范围内进行，对温度有特殊要求的试验，试验温度应为 23±5℃。

1. 试样制备

（1）通常，试样进行机加工。平行长度和夹持头部之间应以过渡弧连接，过渡弧半径应不小于 0.75d。平行长度（L_c）的直径（d）一般不应小于 3mm。平行长度应不小于（$L_0 + d/2$）。机加工试样形状和尺寸如图 8-1 所示。

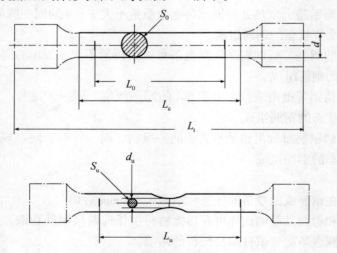

图 8-1　机加工试样

S_0—原横截面积；S_u—断后最小横截面积；d—平行长度的直径；d_u—断裂后缩颈处最小直径；

L_0—原始标距；L_c—平行长度；L_t—试样总长度；L_u—断后标距

直径 $d \geqslant 4\text{mm}$ 的钢筋试样可不进行机加工，根据钢筋直径（d）确定试样的原始标距（L_0），一般取 $L_0 = 5d$ 或 $L_0 = 10d$。试样原始标距（L_0）的标记与最接近夹头间的距离不小于 $1.5d$。可在平行长度方向标记一系列套叠的原始标距。不经机加工试样形状与尺寸如图 8-2 所示。

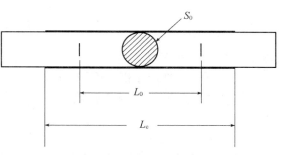

图 8-2 不经机加工试样

S_0—原横截面积；L_0—原始标距；L_c—平行长度

（2）测量原始标距长度（L_0），准确到 $\pm 0.5\%$。

（3）原始横截面积 S_0 的测定。应在标距的两端及中间三个相互垂直的方向测量直径（d），取其算术平均值，取用三处测得的最小横截面积，按式（8-1）计算：

$$S_0 = \frac{1}{4}\pi d^2 \qquad (8\text{-}1)$$

式中　d——钢筋直径。

计算结果至少保留四位有效数字，所需位数以后的数字按"四舍六入五单双法"处理。

注：四舍六入五单双法：四舍六入五考虑，五后非零应进一，五后皆零视奇偶，五前为偶应舍去，五前为奇则进一。

2. 试验步骤

（1）调整试验机测力度盘的指针，使其对准零点，并拨动副指针，使其与主指针重叠。

（2）将试样固定在试验机夹头内，开动试验机加荷，应变速率不应超过 $0.008/\text{s}$。

（3）加荷拉伸时，当试样发生屈服力首次下降前的最高应力就是上屈服强度（R_{eH}），当试验机刻度盘指针停止转动时的恒定荷载，就是下屈服强度（R_{eL}）。

（4）继续加荷至试样拉断，记录刻度盘指针的最大力（F_m）或抗拉强度（R_m）。

（5）将拉断试样在断裂处对齐，并保持在同一轴线上，使用分辨力优于 0.1mm 的游标卡尺、千分尺等量具测定断后标距（L_u），准确到 $\pm 0.25\text{mm}$。

3. 结果计算

（1）钢筋上屈服强度（R_{eH}）、下屈服强度（R_{eL}）与抗拉强度（R_m）

①直接读数方法

使用自动装置测定钢筋上屈服强度（R_{eH}）、下屈服强度（R_{eL}）和抗拉强度（R_m），单位为 MPa。

②指针方法

试验时，读取测力盘指针首次回转前指示的最大力和不计初始瞬时效应时屈服阶段中指示的最小力或首次停止转动指示的恒定力。将其分别除以试样原始横截面积（S_0）得到上屈服强度（R_{eH}）和下屈服强度（R_{eL}）。

读取测力盘上的最大力（F_m），按式（8-2）计算抗拉强度（R_m）：

$$R_m = \frac{F_m}{S_0}$$ (8-2)

式中 F_m——最大力，N；

S_0——试样原始横截面积，mm^2。

计算结果至少保留四位有效数字，所需位数以后的数字按"四舍六入五单双法"处理。

（2）断后伸长率（A）

若试样断裂处与最接近的标距标记的距离不小于 $L_0/3$ 时，或断后测得的伸长率大于或等于规定值时，按式（8-3）计算：

$$A = \frac{L_u - L_0}{L_0} \times 100\%$$ (8-3)

式中 L_0——试样原始标距，mm；

L_u——试样断后标距，mm。

如试样断裂处与最接近的标距标记的距离小于 $L_0/3$ 时，应按移位法测定断后伸长率（A）。方法为：

试验前将原始标距（L_0）细分为 N 等分。试验后，以符号 X 表示断裂后试样短段的标距标记，以符号 Y 表示断裂试样长段的等分标记，此标记与断裂处的距离最接近于断裂处至标距标记 X 的距离。

如 X 与 Y 之间的分格数为 n，按如下测定断后伸长率：

①如 $N-n$ 为偶数，如图 8-3（a）所示，测量 X 与 Y 之间的距离和测量从 Y 至距离为 $\frac{N-n}{2}$ 个分格的 Z 标记之间的距离。断后伸长率（A）按式（8-4）计算：

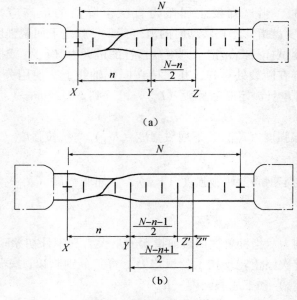

（a）

（b）

图 8-3   移位法的图示说明

$$A = \frac{XY + 2YZ - L_0}{L_0} \times 100\% \qquad (8\text{-}4)$$

②如 $N - n$ 为奇数，如图 8-3（b）所示，测量 X 与 Y 之间的距离和测量从 Y 至距离分别为 $\frac{N-n-1}{2}$ 和 $\frac{N-n+1}{2}$ 个分格的 Z' 和 Z'' 标记之间的距离。断后伸长率（A）按式（8-5）计算：

$$A = \frac{XY + YZ' + YZ'' - L_0}{L_0} \times 100\% \qquad (8\text{-}5)$$

4. 结果评定

试验出现下列情况之一其试验结果无效，应重做同样数量试样的试验。

（1）试样断在标距外或断在机械刻画的标距标记上，而且断后伸长率小于规定最小值；

（2）试验期间设备发生故障，影响了试验结果。

试验后试样出现两个或两个以上的缩颈以及显示出肉眼可见的冶金缺陷（如分层、气泡、夹渣、缩孔等），应在试验记录和报告中注明。

三、钢筋冷弯性能

检验钢筋承受规定弯曲程度的弯曲塑性变形能力，从而评定其工艺性能。钢筋在弯曲装置上经受弯曲塑性变形，不改变加力方向，直至达到规定的弯曲角度。试验时，试样两臂的轴线保持在垂直于弯曲轴的平面内。如为弯曲 180°角的弯曲试验，按照相关产品标准的要求，将试样弯曲至两臂相距规定距离且相互平行或两臂直接接触。

试验一般在室温 10～35℃范围内进行，如有特殊要求，试验温度应为 23±5℃。

1. 试样准备

试样应尽可能是平直的，必要时应对试样进行矫直。同时试样应通过机加工去除由于剪切或火焰切割等影响了材料性能的部分。试样长度（L）按式（8-6）确定：

$$L = 0.5\pi(d + a) + 140\text{mm} \qquad (8\text{-}6)$$

式中　π——圆周率，其值取 3.1；

　　　d——弯心直径，mm；

　　　a——试样直径，mm。

2. 试验步骤

（1）规定角度弯曲试验

①根据试样直径选择压头和调整支辊间距，将试样放在试验机上，试样轴线应与弯曲压头轴线垂直，如图 8-4（a）所示。

②开动试验机加荷，弯曲压头在两支座之间的中点处对试样连续施加力使其弯曲，直至达到规定的弯曲角度，如图 8-4（b）所示。

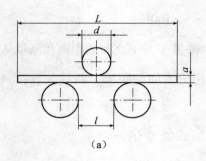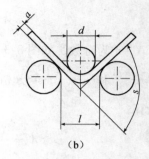

（a） （b）

图 8-4 支辊式弯曲装置

（2）试样弯曲至 180°角两臂相距规定距离且相互平行的试验

①首先对试样进行初步弯曲（弯曲角度应尽可能大），然后将试样置于两平行压板之间，如图 8-5（a）所示。

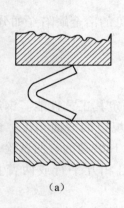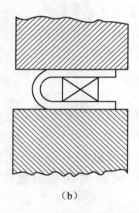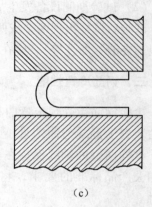

（a） （b） （c）

图 8-5 试样弯曲至两臂平行

②然后将试样置于两平行压板之间，连续施加力压其两端，使进一步弯曲，直至两臂平行，如图 8-5（b）、（c）所示。试验时可以加或不加垫块，除非产品标准中另有规定，垫块厚度等于规定的弯曲压头直径。

（3）试样弯曲至两臂直接接触的试验

①首先将试样进行初步弯曲（弯曲角度应尽可能大），如图 8-5（a）所示。

②然后将其置于两平行压板之间，连续施加力压其两端，使进一步弯曲，直至两臂直接接触，如图 8-6 所示。

3. 结果评定

应按照相关产品规定标准的要求评定弯曲试验结果。如未规定具体要求，弯曲试验后试样弯曲外表面无肉眼可见裂纹应评定为冷弯合格。

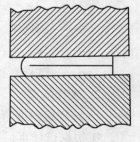

图 8-6 试样弯曲至两臂直接接触

第三节 钢筋连接件性能检测

一、执行标准

《钢筋焊接接头试验方法》（JGJ/T 27—2001）。

《钢筋焊接及验收规程》（JGJ 18—2003）。

《钢筋机械连接通用技术规程》（JGJ 107—2003）。

《带肋钢筋套筒挤压连接规程》（JGJ 108—1996）。

《钢筋锥螺纹接头技术规程》（JGJ 109—1996）。

二、钢筋焊接件取样方法

1. 闪光对焊

（1）钢筋闪光对焊接头的机械性能试验包括拉伸试验和弯曲试验，应从每批成品中切取6个试件，3个做拉伸试验，3个做弯曲试验。

（2）在同一班内，由同一焊工完成的300个同级别、同直径钢筋焊接接头作为一批。当同一台班内焊接的接头数量较少，可在一周之内累计计算；累计仍不足300个接头，应按一批计算。

（3）接头处不得有横向裂纹。

2. 电弧焊

（1）在工厂焊接条件下，以300个接头（相同钢筋级别、相同接头形式）为一批；

（2）在现场安装条件下，每一至二楼层中以300个接头（相同钢筋级别、相同接头形式）作为一批；不足300个时，仍作为一批。

3. 电渣压力焊

（1）在一般构筑物中，每300个同级别钢筋接头为一批；在现浇钢筋混凝土框架结构中，每一楼层中或施工区段以300个同级别钢筋接头作为一批，不足300个接头仍应作为一批。从每批成品中切取2个接头做拉伸试验。

（2）接头焊包均匀，钢筋表面无明显烧伤等缺陷。

（3）接头处的钢筋轴线偏移不得超过0.1倍钢筋直径，同时不得大于2mm。

4. 钢筋气压焊

（1）钢筋气压焊的机械性能检查时，在一般构筑物中，以300个接头为一批；在现浇钢筋混凝土房屋结构中，在同一楼层中以300个接头为一批，不足300个接头仍为一批。

（2）机械性能检查时，从每批接头中随机切取3个接头做拉伸试验。在梁板的水平钢筋的水平连接中，应另切取3个接头做弯曲试验。

三、钢筋机械连接取样方法

（1）同一施工条件下采用同一批材料的同等级、同形式、同规格接头，以 500 个为一验收批进行检验与验收，不足 500 个也作为一个验收批。

（2）对接头的每一验收批，必须在工程结构中随机截取 3 个接头试件作抗拉强度试验，按设计要求的接头等级进行评定。

（3）现场检验连接 10 个验收批抽样试件抗拉强度试验 1 次合格率为 100％时，验收批接头数量可扩大 1 倍。

四、试验结果评定

钢筋连接件试验仪器与试验方法同前。不同连接方式结果评定如下：

1. 钢筋焊接接头

（1）钢筋闪光对焊接头、电弧焊接头、电渣压力焊接头、气压焊接头拉伸试验

①3 个热轧钢筋接头试件的抗拉强度均不得小于该牌号钢筋规定的抗拉强度；RRB400 钢筋接头试件的抗拉强度均不得小于 570N/mm²；至少应有 2 个试件断于焊缝之外，并应呈延性断裂；则判定该批接头合格。

②当试验结果有 2 个试件抗拉强度小于钢筋规定抗拉强度，或 3 个试件均在焊缝或热影响区发生脆性断裂时，则一次判定该批接头为不合格品。

③当试验结果有 1 个试件抗拉强度小于规定值，或 2 个试件在焊缝或热影响区发生脆性断裂时，其抗拉强度均小于钢筋规定抗拉强度的 1.10 倍时，应进行复验。

复验时，应再切取 6 个试件。复验结果，当仍有 1 个试件的抗拉强度小于规定值，或有 3 个试件在焊缝或热影响区发生脆性断裂，其抗拉强度均小于钢筋规定抗拉强度的 1.10 倍时，则判定该批接头为不合格品。

（2）闪光对焊接头、气压焊接头弯曲试验

①当试件弯至 90°时，有 2 个或 3 个试件外侧（焊缝或热影响区）未发生破裂，应评定该批接头弯曲性能合格。

②当 3 个试件均发生破裂，则一次判定该批接头为不合格品。

③当有 2 个试件发生破裂，应进行复验。

复验时，应再切取 6 个试件。复验结果，当有 3 个试件发生破裂时，则判定该批接头为不合格品。

（3）预埋件钢筋 T 型接头拉伸试验

① 3 个试件的抗拉强度均符合：HPB235 钢筋接头不得小于 350N/mm²；HRB335 钢筋接头不得小于 470N/mm²；HRB400 钢筋接头不得小于 550N/mm²，则判定该批接头合格。

②当 3 个试件中有小于规定值时，应进行复验。

复验时，应再取 6 个试件。复验结果，其抗拉强度均达到上述要求时，则判定该批接头为合格品。

2. 钢筋机械连接接头拉伸试验

对接头的每一验收批，必须在工程结构中随机截取 3 个接头试件作抗拉强度试验，按设计要求的接头等级进行评定。

（1）当 3 个接头试件的抗拉强度均符合规程中相应等级的要求时（见表 8-1），该验收批为合格品。

表 8-1　接头的抗拉强度要求

接头等级	Ⅰ级	Ⅱ级	Ⅲ级
抗拉强度	$f_{mst}^o \geqslant f_{st}^o$ 或 $f_{mst}^o \geqslant f_{uk}$	$f_{mst}^o \geqslant f_{uk}$	$f_{mst}^o \geqslant 1.35 f_{yk}$

注：f_{mst}^o——接头试件的实际抗拉强度；

　　f_{st}^o——接头试件中钢筋抗拉强度实测值；

　　f_{uk}——钢筋抗拉强度标准值；

　　f_{yk}——钢筋屈服强度标准值。

（2）若有 1 个试件的强度不符合要求，应再取 6 个试件进行复验，若复验中仍有 1 个试件的强度不符合要求，则该验收批为不合格品。

建筑钢材实训报告

送检试样：＿＿＿＿＿＿＿＿＿＿＿＿＿＿　委托编号：＿＿＿＿＿＿＿＿＿＿＿＿＿＿

委托单位：＿＿＿＿＿＿＿＿＿＿＿＿＿＿　试验委托人：＿＿＿＿＿＿＿＿＿＿＿＿

工程名称：＿＿＿＿＿＿＿＿＿＿＿＿＿＿

一、试验内容

＿＿＿＿＿＿＿＿＿＿＿＿＿＿＿＿＿＿＿＿＿＿＿＿＿＿＿＿＿＿＿＿＿＿＿＿＿＿＿

＿＿＿＿＿＿＿＿＿＿＿＿＿＿＿＿＿＿＿＿＿＿＿＿＿＿＿＿＿＿＿＿＿＿＿＿＿＿＿

＿＿＿＿＿＿＿＿＿＿＿＿＿＿＿＿＿＿＿＿＿＿＿＿＿＿＿＿＿＿＿＿＿＿＿＿＿＿＿

＿＿＿＿＿＿＿＿＿＿＿＿＿＿＿＿＿＿＿＿＿＿＿＿＿＿＿＿＿＿＿＿＿＿＿＿＿＿＿

＿＿＿＿＿＿＿＿＿＿＿＿＿＿＿＿＿＿＿＿＿＿＿＿＿＿＿＿＿＿＿＿＿＿＿＿＿＿＿

二、主要仪器设备及规格型号

＿＿＿＿＿＿＿＿＿＿＿＿＿＿＿＿＿＿＿＿＿＿＿＿＿＿＿＿＿＿＿＿＿＿＿＿＿＿＿

＿＿＿＿＿＿＿＿＿＿＿＿＿＿＿＿＿＿＿＿＿＿＿＿＿＿＿＿＿＿＿＿＿＿＿＿＿＿＿

＿＿＿＿＿＿＿＿＿＿＿＿＿＿＿＿＿＿＿＿＿＿＿＿＿＿＿＿＿＿＿＿＿＿＿＿＿＿＿

＿＿＿＿＿＿＿＿＿＿＿＿＿＿＿＿＿＿＿＿＿＿＿＿＿＿＿＿＿＿＿＿＿＿＿＿＿＿＿

＿＿＿＿＿＿＿＿＿＿＿＿＿＿＿＿＿＿＿＿＿＿＿＿＿＿＿＿＿＿＿＿＿＿＿＿＿＿＿

＿＿＿＿＿＿＿＿＿＿＿＿＿＿＿＿＿＿＿＿＿＿＿＿＿＿＿＿＿＿＿＿＿＿＿＿＿＿＿

＿＿＿＿＿＿＿＿＿＿＿＿＿＿＿＿＿＿＿＿＿＿＿＿＿＿＿＿＿＿＿＿＿＿＿＿＿＿＿

三、试验记录

执行标准：＿＿＿＿＿＿＿＿＿＿＿＿＿＿＿＿＿＿＿＿＿＿＿

1. 建筑钢材力学、工艺性能检测

编号		试验编号		委托编号	
工程名称				试件编号	
委托单位				试验委托人	
钢材种类		规格或牌号		生产人	
代表数量		来样日期		试验时间	
公称直径（厚度）			mm	公称面积	mm²

续表

	力学性能					弯曲性能		
	屈服点 （MPa）	抗拉强度 （MPa）	伸长率 （%）	屈服强度比值 $\sigma_{b实}/\sigma_{s实}$	试验强度比值 $\sigma_{s实}/\sigma_{s标}$	弯心直径	角度	结果
试验结果								

	化学分析						其他：

	化学成分（%）					
分析编号	C	Si	Mn	P	S	C_{eq}

结论：

2. 钢筋连接件性能检测

编号		试验编号		委托编号	
工程名称				试件编号	
委托单位				试验委托人	
接头类型				检验形式	
设计要求 接头性能等级				代表数量	
连接钢筋种类及牌号			公称直径		原材试验编号	
操作人			来样日期		试验日期	
接头试件		母材试件		弯曲试件	

续表

公称面积 （mm²）	抗拉强度 （MPa）	断裂特征及位置	实测面积 （mm²）	抗拉强度 （MPa）	弯心直径	角度	结果

结论：

备注及问题说明：

审批（签字）_____审核（签字）_____试验（签字）_____

检测单位（盖章）_____

报告日期：　　年　　月　　日

注：本表一式四份（建设单位、施工单位、试验室、城建档案馆存档各一份）

第九章　防水材料性能检测

第一节　石油沥青性能检测

一、　石油沥青性能检测一般规定

（一）石油沥青试验一般规定

（1）石油沥青必试项目包括软化点、针入度、延度试验。

（2）执行标准。

《建筑石油沥青》（GB/T 494—1998）。

《沥青针入度测定法》（GB/T 4509—1999）。

《沥青延度测定法》（GB/T 4508—1999）。

《沥青软化点测定法（环球法）》（GB/T 4507—1999）。

（二）石油沥青取样

1. 取样数量

进行沥青性质常规检查的取样数量为黏稠或固体沥青不少于 1.5kg，液体沥青不少于 1L，沥青乳液不少于 4L。

进行沥青性质非常规检验及沥青混合料性质试验所需的沥青数量应根据实际需要确定。

2. 取样方法

用沥青取样器分别按以下要求取样：

（1）从储油罐中取样，应按液面上、中、下位置（液面高各为 1/3 等分，但距罐底不得低于总液面高度的 1/6）各取规定数量样品。对无搅拌设备的储罐，将取出的 3 个样品充分混合后取规定数量的样品作试样。

（2）从槽、罐、洒布车中取样，对设有取样阀的，流出 4kg 后取样；对仅有放料阀的，放出全部沥青的一半时再取样；对从顶盖处取样的，可从中部取样。

（3）从沥青储存池中取样，沥青经管道或沥青泵流至热锅后取样，分间隔每锅至少取 3 个样品，然后充分混匀后再取规定数量作样品。

（4）从沥青桶中取样，应从同一批生产的产品中随机取样，或将沥青桶加热全熔成流体后按罐车样方法取样。

（5）从桶、袋、箱装固体沥青中取样，应在表面以下及容器侧面以内至少 5cm 处采样。

二、石油沥青针入度检测

通过测定沥青的针入度，了解沥青的黏稠程度。

石油沥青的针入度，是以标准针在一定荷载、时间及温度条件下垂直贯入沥青试样中的深度来表示。其单位以 1/10mm 为 1 度。非经另行规定，标准针、针连杆及附加砝码的总质量应为 100±0.1g，检测时要求室温为 25℃，时间为 5s。

1. 主要仪器

（1）针入度仪（图 9-1）。

（2）标准针

应由硬化回火的不锈钢制造。

（3）试样皿

金属或玻璃的圆柱形平底皿。

（4）恒温水浴

容量不小于 10L，能保持温度在试验温度下控制在 0.1℃范围内。

（5）平底玻璃皿

容量不小于 350mL，深度要没过最大的样品皿。

（6）温度计

液体玻璃温度计，刻度范围 0~50℃，分度为 0.1℃。

（7）计时器

刻度为 0.1s，60s 内的准确度达到 ±1s 内的任何计时装置均可。

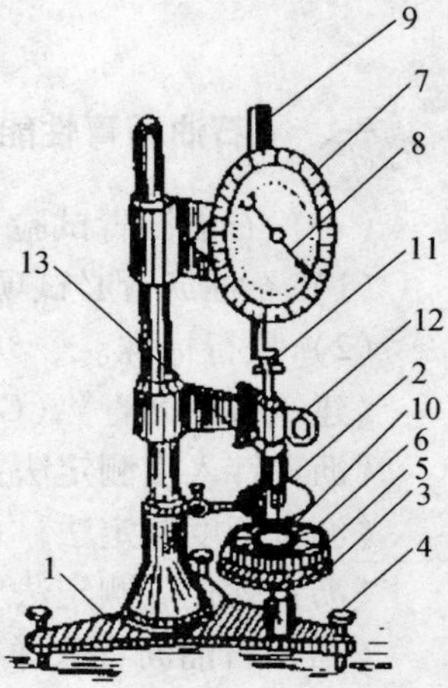

图 9-1　针入度仪

1—底座；2—小镜；
3—圆形平台；4—调平螺丝；
5—保温皿；6—试样；
7—刻度盘；8—指针；
9—活杆；10—标准针；
11—连杆；12—按钮；
13—砝码

2. 试样的制备

①小心加热，不断搅拌以防局部过热，加热到使样品能够流动。加热时石油沥青不超过软化点的 90℃。加热时间不超过 30min。加热、搅拌过程中避免试样中进入气泡。

②将试样倒入预先选好的试样皿中。试样深度应大于预计穿入深度 10mm。同时将试样倒入两个试样皿。

③松松地盖住试样皿以防灰尘落入。在 15~30℃ 的室温下冷却 1~1.5h（小试样皿）或 1.5~2.0h（大试样皿），然后将两个试样皿和平底玻璃皿一起放入恒温水浴中，水面应没过试样表面 10mm 以上。在规定的试验温度下冷却，小皿恒温 1~1.5h，大皿恒温 1.5~2.0h。

3. 试验步骤

（1）调节针入度仪的水平，检查针连杆和导轨，确保上面没有水和其他物质。先用合适的溶剂将针擦干净，再用干净的布擦干，然后将针插入针连杆中固定，按试验条件放好砝码。

（2）将已恒温到试验温度的试样皿和平底玻璃皿取出，放置在针入度仪的平台上。慢慢放下针连杆，使针尖刚刚接触到试样的表面，必要时用放置在合适位置的光源反射来观察。拉下活杆，使其与针连杆顶端相接触，调节针入度仪上的表盘计数指零。

（3）用手紧压按钮，同时启动秒表，使标准针自由下落穿入沥青试样，到规定时间停压按钮，使标准针停止移动。

（4）拉下活杆，再使其与针连杆顶端相接触，此时表盘指针的读数即为试样的针入度，用1/10mm表示。

（5）同一试样至少重复测定三次。每一次试验点的距离和试验点与试样皿边缘的距离都不得小于10mm。每次试验前都应将试样和平底玻璃皿放入恒温水浴中，每次测定都要用干净的针。当针入度超过200时，至少用三根针，每次试验用的针留在试样中，直到三根针扎完时再将针从试样中取出。针入度小于200时可将针取下用合适的溶剂擦净后继续使用。

4. 结果计算与评定

（1）取三次测定针入度的平均值（取至整数）作为试验结果。三次测定的针入度值相差不应大于表9-1规定的数值。

表9-1　沥青针入度的最大差值

针入度值	0～49	50～149	150～249	250～350
最大差值	2	4	6	8

（2）重复性：同一操作者同一样品利用同一台仪器测得的两次结果不超过平均值的4%。

（3）再现性：不同操作者同一样品利用同一类型仪器测得的两次结果不超过平均值的11%。

（4）如果误差超过了这一范围，利用上述样品制备中的第二个样品重复试验。

（5）如果结果再次超过允许值，则取消所有的试验结果，重新进行试验。

三、石油沥青延度检测

通过测定沥青的延度和沥青材料拉伸性能，了解其塑性和抵抗变形的能力。

石油沥青的延度是用规定的试件在一定温度下以一定速度拉伸到断裂时的长度，以cm表示。非经特殊说明，试验温度为25±0.5℃，拉伸速度为5±0.25cm/min。

1. 主要仪器

（1）延度仪：配模具，如图9-2所示。

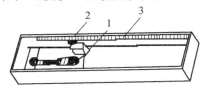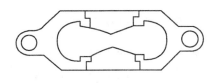

（a）　　　　　　　　　　　　　　　　　（b）

图9-2　沥青延度仪
（a）延度仪；（b）延度模具
1—滑板；2—指针；3—标尺

（2）水浴：容量至少为 10L，能保持试验温度变化不大于 0.1℃，试样浸入水中深度不得小于 10cm。

（3）温度计：0～50℃，分度 0.1℃和 0.5℃各 1 支。

（4）筛孔为 0.3～0.5mm 的金属网。

（5）砂浴或可控制温度的密闭电炉。

（6）隔离剂：以重量计，由一份甘油和一份滑石粉调制而成。

（7）支撑板：金属板或玻璃板，一面必须磨光至表面粗糙度为 0.63。

2. 试样的制备

（1）将模具组装在支撑板上，将隔离剂涂于支撑板表面和模具侧模的内表面。

（2）小心加热样品，以防局部过热，直至完全变成液体能够倾倒。石油样品加热倾倒时间不超过 2h，加热温度不超过估计软化点 110℃。把溶化了的样品过筛，充分搅拌后自模具的一端至另一端往返倒入，使试样略高出模具。然后用热的直刀或铲将高出模具的沥青刮出，使试样与模具齐平。

（3）恒温：将支撑板、模具和试件一起放入水浴中，并在试验温度下保持 85～95min，然后取下准备试验。

3. 试验步骤

（1）把试样移入延度仪中，将模具两端的孔分别套在实验仪器的柱上，然后以一定的速度拉伸，直到试件拉伸断裂。拉伸速度允许误差 ±5%，测量试件从拉伸到断裂所经过的距离，以 cm 表示。试验时，试件距水面和水底的距离不小于 2.5cm，并且要使温度保持在规定温度的 ±0.5℃范围内。

（2）如果沥青浮于水面或沉入槽底时，则试验不正常。应使用乙醇或氯化钠调整水的密度，使沥青材料既不浮于水面，又不沉入槽底。

（3）正常的试验应将试样拉成锥形，直至在断裂时实际横截断面面积近于零。如果三次试验不能得到正常结果，则报告在该条件下延度无法测定。

4. 结果计算与评定

同一样品、同一操作者重复测定两次结果不超过平均值的 10%。同一样品，在不同试验室测定的结果不超过平均值的 20%。

若三个试件测定值在其平均值的 5%内，取平行测定三个结果的平均值作为测定结果。若三个试件测定值不在其平均值的 5%以内，但其中两个较高值在平均值的 5%以内，则弃去最低测定值，取两个较高值的平均值作为测定结果，否则重新测定。

四、石油沥青软化点检测

通过测定石油沥青的软化点，了解其耐热性和温度稳定性。

置于黄铜肩环或锥环中的两块水平沥青圆片，在加热介质中以一定速度加热，每块沥青片上置有一只钢球。当试样软化到使两个放在沥青上的钢球下落 25mm 距离时，则此时的温度平均值（℃）作为石油沥青的软化点。

1. 主要仪器

（1）环：两只黄铜肩环或锥环，其尺寸规格如图 9-3（a）所示。

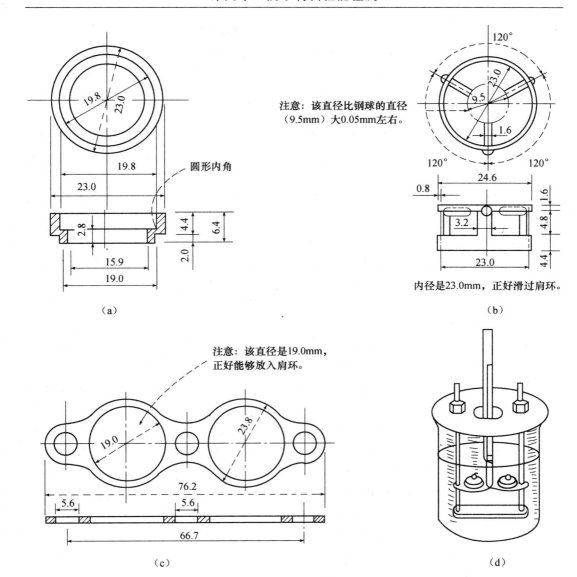

图 9-3　环、钢球定位器、支架、组合装置图

（a）肩环；（b）钢球定位器；（c）支架；（d）组合装置

（2）支撑板：扁平光滑的黄铜板，其尺寸约为 50mm×75mm。

（3）球：两只直径为 9.5mm 的钢球，每只质量为 3.50±0.05g。

（4）钢球定位器：两只钢球定位器用于使钢球定位于试样中央，其一般形状和尺寸如图 9-3（b）所示。

（5）浴槽：可以加热的玻璃容器，其内径不小于 85mm，离加热底部的深度不小于 120mm。

（6）环支撑架和支架：一只铜支撑架用于支撑两个水平位置的环，其形状和尺寸如图 9-3（c）所示，其安装图形如图 9-3（d）所示。支撑架上的肩环的底部距离下支撑板的上表面为 25mm，下支撑板的下表面距离浴槽底部为 16±3mm。

（7）温度计：测温范围在 30～180℃，最小分度值为 0.5℃ 的全浸式温度计。

（8）材料：甘油滑石粉隔离剂（以重量计甘油 2 份、滑石粉 1 份）、新煮沸过的蒸馏水、刀、筛孔为 0.3～0.5mm 的金属网。

2. 试样的制备

（1）将试样环置于涂有甘油滑石粉隔离剂的试样底板上。将预先脱水的试样加热熔化，不断搅拌，以防止局部过热，直到样品变得流动。石油沥青样品加热至倾倒温度的时间不超过 2h。

如估计软化点在 120℃ 以上时，应将黄铜环与支撑板预热至 80～100℃，然后将铜环放到涂有隔离剂的支撑板上。

（2）向每个环中倒入略过量的沥青试样，让试样在室温下至少冷却 30min。

（3）试样冷却后，用热刮刀刮除环面上多余的试样，使得每一个圆片饱满且和环的顶部齐平。

3. 试验步骤

（1）选择下列一种加热介质

①新煮沸过的蒸馏水适于软化点为 30～80℃ 的沥青，起始加热介质温度应为 5℃。

②甘油适于软化点为 80～157℃ 的沥青，起始加热介质温度应为 30±1℃。

③为了进行比较，所有软化点低于 80℃ 的沥青应在水浴中测定，而高于 80℃ 的在甘油浴中测定。

（2）把仪器放在通风橱内并配置两个样品环、钢球定位器，并将温度计插入合适的位置，浴槽装满加热介质，并使各仪器处于适当位置。用镊子将钢球置于浴槽底部，使其同支架的其他部位达到相同的起始温度。

（3）如果有必要，将浴槽置于冰水中，或小心加热并维持适当的起始浴温达 15min，并使仪器处于适当位置，注意不要玷污浴液。

（4）再次用镊子从浴槽底部将钢球夹住并置于定位器中。

（5）从浴槽底部加热使温度以恒定的速率 5℃/min 上升。为防止通风的影响有必要时可用保护装置。试验期间不能取加热速率的平均值，但在 3min 后，升温速率应达到 5±0.5℃/min，如温度上升速率超出此范围，则此次试验应重做。

（6）当两个试环的球刚触及下支撑板时，分别记录温度计所显示的温度。无须对温度计的浸没部分进行校正。取两个温度的平均值作为沥青的软化点。如两个温度的差值超过 1℃，则重新试验。

4. 结果计算与评定

同一操作者，对同一样品重复测定两个结果之差不大于 1.2℃。同一试样，两个试验室各自提供的试验结果之差不超过 2.0℃。

同一试样平行试验两次，当两次测定值的差值符合重复性试验精密度要求时，取其平均值作为软化点试验结果。

第二节　沥青防水卷材性能检测

一、沥青防水卷材试验一般规定

1. 沥青防水卷材试验一般规定

（1）必试项目包括拉力、最大拉力时延伸率（玻纤胎卷材无此项）、不透水性、柔度、耐热度试验。

（2）采用标准

《弹性体改性沥青防水卷材》（GB 18242—2002）。

《塑性体改性沥青防水卷材》（GB 18243—2002）。

《沥青防水卷材试验方法》（GB 328—1989）。

2. 试验条件

（1）送到试验室的试样在试验前，应原封放置在干燥处并保持 15～30℃ 范围内一定时间，试验室温度应每日记录。

（2）物理性能试验所用的水应为蒸馏水或洁净的淡水（饮用水）。所用溶剂应为化学纯或分析纯，但生产厂一般日常检验可采用工业溶剂。

3. 物理性能规定

各种标号等级的油毡物理性能应符合表 9-2 的规定。

表 9-2　油毡物理性能规定

		200 号			350 号			500 号		
		合格	一等	优等	合格	一等	优等	合格	一等	优等
单位面积浸涂材料总量（g/m²），不小于		600	700	800	1000	1050	1110	1400	1450	1500
不透水性	压力，不小于（MPa）	0.05			0.10			0.15		
	保持时间，不小于（min）	15	20	30	30		45	30		
吸水率（真空法）不大于(%)	粉毡	1.0			1.0			1.5		
	片毡	3.0			3.0			3.0		
耐热度（℃）		85±2		90±2	85±2		90±2	85±2		90±2
		受热 2h 涂盖层应无滑动和集中性气泡								
拉力 25±2℃时纵向不小于（N）		240	270		340	370		440	470	
柔度		18±2℃			18±2℃	16±2℃	14±2℃	18±2℃		14±2℃
		绕φ20mm 圆棒或弯板无裂纹						绕φ25mm 圆棒或弯板无裂纹		

4. 试样制备

（1）将取样的一卷卷材切除距外层卷头2500mm后，顺纵向截取长度为500mm的全幅卷材两块，一块作物理性能试验试件用，另一块备用。

（2）按图9-4所示的部位及表9-3规定的尺寸和数量切取试件。

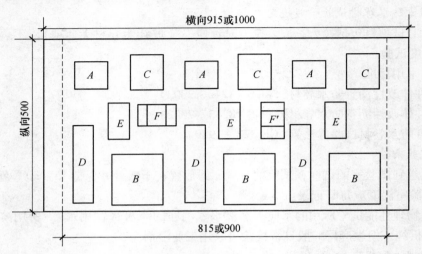

图9-4　试件切取部位示意图（mm）

表9-3　试件尺寸和数量表

试件项目		试件部位	试件尺寸（mm）	数量
浸涂材料含量		A	100×100	3
不透水性		B	150×150	3
吸水性		C	100×100	3
拉力		D	250×50	3
耐热度		E	100×50	3
柔度	纵向	F	60×30	3
	横向	F′	60×30	3

二、沥青防水卷材不透水性检测

通过测定防水卷材的不透水性，了解其抗渗透性能。

将试件置于不透水仪的不透水盘上，一定时间内在一定压力作用下（见表9-3规定），有无渗漏现象。水温为 20 ± 5℃。

1. 主要仪器

不透水仪：由液压系统、测试管路系统、夹紧装置和透水盘等部分组成，测试原理如图9-5所示。

定时针（或带定时器的油毡不透水测试仪）。

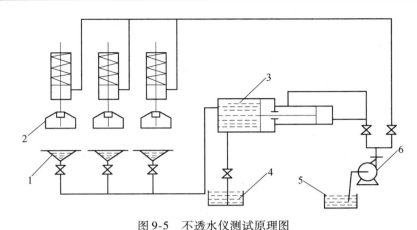

图9-5　不透水仪测试原理图

1—试座；2—夹脚；3—水缸；4—水箱；5—油箱；6—油泵

2. 试件制备

试件尺寸、形状、数量与制备同前"试件制备"的规定。

3. 试验步骤

（1）水箱充水：将洁净水注满水箱。

（2）放松夹脚：启动油泵，在油压的作用下，夹脚活塞带动夹脚上升。

（3）水缸充水：先将水缸内的空气排净，然后水缸活塞将水从水箱吸入水缸。

（4）试座充水：当水缸储满水后，由水缸同时向三个试座充水，三个试座充满水并已接近溢出状态时，关闭试座进水阀门。

（5）水缸二次充水：由于水缸容积有限，当完成向试座充水后，水缸内储存水已近断绝，需通过水箱向水缸再次充水，操作方法同一次充水。

（6）测试：

首先安装试件。将三块试件分别置于三个透水盘试座上，涂盖材料薄弱的一面接触水面，并注意"O"型密封圈应固定在试座槽内，试件上盖上金属压盖（或油毡透水测试仪的探头），然后通过夹脚将试件压紧在试座上。如产生压力影响结果，可向水箱泄水，达到减压目的。

然后保持压力。打开试座进水阀，通过水缸向装好试件的透水盘底座继续充水，当压力表达到指定压力时，停止加压，关闭进水阀和油泵，同时开动定时钟或油毡透水测试仪的探头，随时观察试件有否渗水现象，并记录开始渗水时间。在规定测试时间出现一块或两块试件有渗漏时，必须立即关闭控制相应试座的进水阀，以保证其余试件能继续测试。

最后卸压。当测试达到规定时间即可卸压取样，启动油泵，夹脚上升后即可取出试件，关闭油泵。

4. 结果评定

三个试件均无渗水现象时，卷材不透水性合格。

三、沥青防水卷材耐热度检测

通过耐热度试验，了解卷材的耐热性能。

将试样置于能达到要求温度的恒温箱内，观察当试样受到高温作用时，有无涂层滑动和集中性气泡等现象。

1. 主要仪器

（1）电热恒温箱：带有热风循环装置。

（2）温度计：0~150℃，最小刻度 0.5℃。

（3）干燥器：ϕ 250~300mm。

（4）表面皿：ϕ 60~80mm。

（5）天平：感量 0.001g。

（6）试件挂钩：洁净无锈的细铁丝或回形针。

2. 试件制备

试件尺寸、形状、数量与制备按前述"试件制备"的规定。

3. 试验步骤

（1）在每块试件距短边一端 1cm 处的中心打一小孔。

（2）将试件用细铁丝或回形针穿挂好，放入已定温至标准规定温度（见表 9-2 规定）的电热恒温箱内。试件的位置与箱壁距离不应小于 50mm，试件间应留一定距离，不致粘结在一起，试件的中心与温度计的水银球应在同一水平位置上，距每块试件下端 10mm 处，各放一表面皿用以接受淌下的沥青物质。

4. 结果评定

在规定温度下加热 2h 后，取出试件及时观察并记录试件表面有无涂盖层滑动和集中性气泡。集中性气泡系指破坏油毡涂盖层原来的密集气泡。

三个试件均合格时，卷材耐热度合格。

四、沥青防水卷材拉力检测

通过拉力试验，检验卷材抵抗拉力破坏的能力，作为卷材使用的选择条件。

将试样两端置于夹具内并夹牢，然后在两端同时施加一定拉力（见表 9-2 规定），测定试件被拉断时最大拉力。试验温度为 25±2℃。

1. 主要仪器

拉力机：测量范围 0~1000N（0~2000N），最小读数为 5N，夹具夹持宽度不小于 5cm。

量具：精确度 0.1cm。

2. 试样制备

试件尺寸、形状、数量与制备按前述"试样制备"的规定。

3. 试验步骤

（1）将试件置于拉力试验相同温度的干燥处不少于 1h。

（2）调整好拉力机后，将定温处理的试件夹持在夹具中心，并不得歪扭，上下夹具之间的距离为 180mm，开动拉力机使受拉试件被拉断为止。

（3）读出拉断时指针所指数值即为试件的拉力。如试件断裂处距夹具小于 20m 时，该试件试验结果无效，应在同一样品中另行切取试件，重作试验。

4. 结果评定

计算纵向三个试件拉力的算术平均值，以其平均值作为卷材的纵向拉力。试验结果的平均值达到标准规定的指标时判为该指标合格，精确至1%。

五、沥青防水卷材柔度检测

通过测定防水卷材的柔性，了解其在规定负温下抵抗弯曲变形的能力。

将试件置于一定温度下（见表9-2规定）进行180°弯曲，观察有无裂缝。

1. 主要仪器

（1）柔度弯曲器：ϕ25mm、ϕ20mm、ϕ10mm金属圆棒或R为12.5mm、10mm、5mm的金属柔度弯板如图9-6所示。

（2）恒温水槽或保温瓶。

（3）温度计：量程0～50℃，精度0.5℃。

2. 试样制备

试件尺寸、形状、数量与制备按前述"试样制备"的规定。

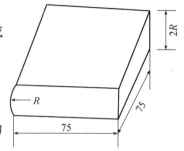

图9-6　柔度弯板

3. 试验步骤

（1）将呈平板状无弯曲试件和圆棒（或弯板）同时浸泡入已定温的水中，若试件有弯曲则可稍微加热，使其平整。

（2）试件经30min浸泡后，自水中取出，立即沿圆棒（或弯板）用手在约2s时间内按均衡速度弯曲成180°。

4. 结果评定

用肉眼观察试件表面有无裂纹，六个试件至少有五个试件达到规定指标即判该卷材柔度合格。

石油沥青及防水卷材实训报告

送检试样：_____ 委托编号：_____

委托单位：_____ 试验委托人：_____

工程名称：_____

一、试验内容

_____

_____

_____

_____

二、主要仪器设备及规格型号

_____

_____

_____

_____

三、试验记录

试验日期：_____

1. 石油沥青性能检测

执行标准：_____

使用部位		沥青品种		牌号
检测项目	检测结果	平均值	标准规定值	结论
针入度 （1/10mm）				
延伸度 （cm）				
软化点（℃）				

2. 沥青防水卷材性能检测

执行标准：_____

使用部位			送样日期			送样人	
卷材品种			标号				
检测项目	检测结果		结果评定	标准规定	检测项目	检测结果	结果评定	标准规定

检测项目	检测结果		结果评定	标准规定	检测项目	检测结果		结果评定	标准规定
不透水性	1				拉力	1			
	2					2			
	3					3			
耐热度	1				柔度	1			
	2					2			
	3					3			

备注及问题说明：

审批（签字）：_____审核（签字）：_____试验（签字）：_____

检测单位（盖章）：_____

报告日期：　　年　　月　　日

注：本表一式四份（建设单位、施工单位、试验室、城建档案馆存档各一份）

第十章 木材性能检测

第一节 木材试验一般规定

一、木材必试项目

木材必试项目包括顺纹抗压强度、顺纹抗拉强度、含水率试验。

二、执行标准

《木材物理力学试验方法总则》（GB 1928—1991）。
《木材抗弯强度试验方法》（GB 1936—1991）。
《木材顺纹抗压强度试验方法》（GB 1935—1991）。
《木材顺纹抗拉强度试验方法》（GB 1938—1991）。
《木材顺纹抗剪强度试验方法》（GB 1937—1991）。
《木材含水率测定方法》（GB 1931—1991）。

第二节 木材强度检测

一、仪器设备

木材万能试验机：示值误差不得超过 ±1.0%；
天平：称量应准确到 0.001g；
烘箱：应能保持在 103 ±2℃；
称量瓶、干燥器、钢直角尺、量角卡规（角度为 106°42′）、钢尺、卡尺。

二、试样制作

（1）试样各面均应平整，端部相对的两个边棱应与试样端面的年轮大致平行，并与另一相对的边棱相垂直，试样上不允许有明显的可见缺陷，每个试样必须清楚地写上编号。

试样制作精度，除在各项试验方法中有具体的要求外，试样各相邻面均应成直角。试样长度允许误差为 ±1mm，宽度和厚度允许误差为 ±0.5mm，但在试样全长上宽度和厚度的相对偏差应不大于 0.2mm。

（2）试样含水率调整：经气干或干燥室处理后的试样，应置于相当于木材平衡含水率为 12% 的环境条件中，调整试样含水率到平衡，为满足木材平衡含水率 12% 环境条件的要求，当室温为 20 ± 2℃ 时，相对湿度应保持在 65% ± 5%；当室温低于或高于 20 ± 2℃ 时，需相应降低或升高相对湿度，以保证达到木材平衡含水率 12% 的环境条件。

三、抗弯强度检测

测定木材承受逐渐施加弯曲荷载的最大能力。试样尺寸为 20mm × 20mm × 300mm，长度为顺纹方向。

1. 试验步骤

（1）抗弯强度只作弦向试验，在试样长度的中央，用卡尺沿径向测量宽度 b，沿弦向测量高度 h，精确至 0.1mm。

（2）试验机的支座及压头的端部为半径 15mm 的半圆形，与支座间的距离为 120mm。采用中央加荷，将试样放在试验装置的两支座上。

（3）沿试样年轮切线方向（弦向）以均匀速度加荷，在 1 ~ 2min 内使试样破坏，记录破坏荷载，精确至 10N。

（4）试验后立即测定其含水率。称量精确至 0.001g。

2. 结果计算

试样含水率为 W 的抗弯强度 σ_{bw} 按式（10-1）计算（精确至 0.1MPa）：

$$\sigma_{bw} = \frac{3P_{max}l}{2bh^2} \tag{10-1}$$

式中　σ_{bw}——含水率为 W 时的抗弯强度，MPa；

　　　P_{max}——破坏荷载，N；

　　　l——支座间距离，mm；

　　　b——试样宽度，mm；

　　　h——试样高度，mm。

四、顺纹抗压强度检测

测定木材沿纹理方向承受压力荷载的最大能力。试样尺寸为 20mm × 20mm × 30mm 的棱柱体，长度为顺纹方向，并垂直于受压面。

1. 试验步骤

（1）在试样长度中央测量试样厚度 t 及宽度 b，精确至 0.1mm。

（2）将试样放置在试验机球面活动支座的中心位置，以均匀速度加荷。在 1.5 ~ 2.0min 内使试样破坏，即试验机指针明显地退回为止。记录破坏荷载，精确至 100N。

（3）试验后立即测定其含水率。

2. 结果计算

试样含水率为 W 的木材顺纹抗压强度 σ_{cw}，按式（10-2）计算（精确至 0.1MPa）：

$$\sigma_{cw} = \frac{2P_{max}}{bt} \qquad\qquad (10\text{-}2)$$

式中 σ_{cw}——含水率为 W 的抗压强度，MPa；

P_{max}——破坏荷载，N；

t——试样厚度，mm；

b——试样宽度，mm。

五、顺纹抗拉强度检测

测定木材沿纹理方向承受拉力荷载的最大能力。

试样形状和尺寸如图 10-1 所示。试样纹理必须通直，年轮的切线方向应垂直于试样有效部分（指中部 60mm 长的一段）的宽面。有效部分与两端夹持部分之间的过渡弧应平滑，并与试样中心线相对称。

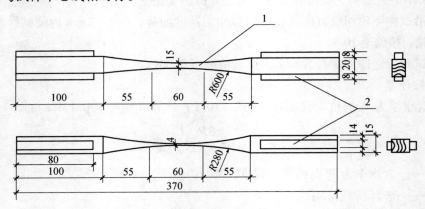

图 10-1 木材顺纹抗拉试样
1—试样；2—木夹垫

软质木材试样，必须在两端被夹持部分以 90mm × 14mm × 8mm 的硬木夹垫，用胶粘剂固定在试样上；硬质木材试样，可不用木夹垫。

1. 试验步骤

（1）在有效部分的中央，用卡尺测量厚度 t 和宽度 b（精确至 0.1mm）。

（2）将试样两端夹紧在试验机的钳口中，使试样宽面与钳口相接触，两端靠近弧形部分露出 20~25mm，竖直地安装在试验机上。

（3）试验以均匀速度加荷，在 1.5~2.0min 内使试样破坏。记录破坏荷载，精确至 100N。如拉断处不在试样的有效部分内，试验结果应予舍弃。

（4）试验后立即测定其含水率。

2. 结果计算

试样含水率为 W 的顺纹抗拉强度 σ_{tw}，按式（10-3）计算（精确至 0.1MPa）：

$$\sigma_{tw} = \frac{P_{max}}{tb}$$ （10-3）

式中 σ_{tw}——含水率为 W 的抗拉强度，MPa；

$\quad P_{max}$——破坏荷载，N；

$\quad\quad t$——试样有效部分厚度，mm；

$\quad\quad b$——试样有效部分宽度，mm。

六、顺纹抗剪强度检测

测定木材沿纹理方向抵抗剪应力的最大能力。

试样形状和尺寸如图 10-2 所示，应使受剪面为正确的弦面或径面，长度为顺纹方向。

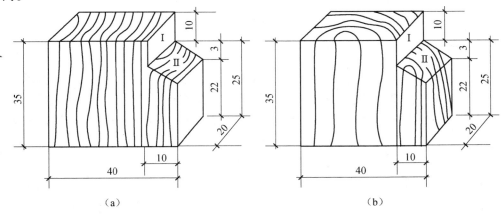

（a）   （b）

图 10-2 木材顺纹抗剪试件

（a）弦面抗剪试件；（b）径面抗剪试件

试样所有尺寸的允许误差，不得超过 $\pm 0.5mm$，试样缺角部分角度应为 $106°40'$，应采用角规检查，允许误差为 $\pm 20'$。

1. 试验步骤

（1）用卡尺测量试样受剪面的宽度 b 和长度 l（精确至 0.1mm）。

（2）将试样装于试验装置的垫块 3 上（图10-3），调整螺杆 4 和 5，使试样的顶端和 I 面（图10-2）上部贴紧试验装置上部凹角的相邻两侧面，至试样不动为止。再将压块 6 置于试样斜面 II 上（图10-2），并使其侧面紧靠试验装置的主体。

（3）将装好试样的试验装置放在试验机上，

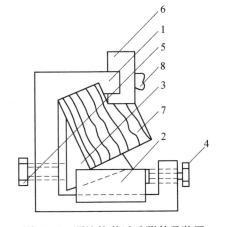

图 10-3 顺纹抗剪试验附件及装置

1—附件主体；2—楔块；3—斜 L 形垫块；
4、5—螺杆；6—压块；7—试样；8—圆头螺钉

使压块 6 的中心对准试验机上压头的中心位置。

（4）试验以均匀速度加荷，在 1.5～2.0min 内使试样破坏，记录破坏荷载，精确至 10N。

（5）试验后立即测定其含水率。

2. 结果计算

试样含水率为 W 的弦面或径面顺纹抗剪强度 τ_w，按式（10-4）计算（精确至 0.1MPa）：

$$\tau_w = \frac{0.96 P_{max}}{bl} \tag{10-4}$$

式中 τ_w——含水率为 W 的抗剪强度，MPa；

$\quad P_{max}$——破坏荷载，N；

$\quad b$——试样受剪面宽度，mm；

$\quad l$——试样受剪面长度，mm。

七、含水率检测

了解木材的干燥程度，进行木材标准含水率（即含水率为12%）时强度的换算。

试样取样通常在需要测定含水率的试材、试条上或在物理力学试验后的试样上，按该项试验方法的规定部位截取。试样尺寸约为 20mm×20mm×20mm。附在试样上的木屑、碎片等必须清除干净。

1. 试验步骤

（1）取到的试样应立即称量，准确至 0.001g。

（2）将同批试验取得的含水率试样，一并放入烘箱内，在 103±2℃的温度下烘 8h 后，从中选定 2～3 个试样进行第一次试称，以后每隔 2h 试称一次，至最后两次称量之差不超过 0.002g 时，即认为试样达到全干。

（3）将试样从烘箱中取出，放入装有干燥剂的玻璃干燥器内的称量瓶中，盖好称量瓶和干燥器盖。

（4）试样冷却至室温后，自称量瓶中取出称量。

2. 结果计算

试样的含水率按式（10-5）计算，准确至 0.1%：

$$W = \frac{m_1 - m_0}{m_0} \times 100\% \tag{10-5}$$

式中 W——试样含水率，%；

$\quad m_1$——试样试验时的质量，g；

$\quad m_0$——试样全干时的质量，g。

3. 标准含水率时强度换算

含水率对木材强度的影响很大，同一树种或不同树种的木材进行强度比较时，须将含水率为 W 的各项强度换算成标准含水率12%时的强度，才能相互比较。标准含水率时的各项强度按式（10-6）换算（精确至 0.1MPa）：

$$\sigma_{12} = \sigma_w [1 + \alpha (W - 12)] \tag{10-6}$$

式中　σ_{12}——含水率为12%时的木材强度值，MPa；

σ_w——含水率为W时的木材强度，MPa；

α——含水率校正系数，随受力情况与树种而定，见表10-1。

表 10-1　含水率校正系数 α

试验项目	树种	α
顺纹抗压强度	所有树种	0.05
顺纹抗拉强度	阔叶树	0.015
	针叶树	0
抗弯强度	所有树种	0.04
顺纹抗剪强度	所有树种	0.03

注：1. 当测定木材顺纹抗剪强度时，上述公式形式为：$\tau_{12} = \tau_w [1 + \alpha (W - 12)]$。

　　2. 试样含水率在9%~15%范围内，所用公式计算有效。

木材实训报告

送检试样：_____ 委托编号：_____

委托单位：_____ 试验委托人：_____

工程名称：_____

一、送检试样资料

品种标号：_____ 厂别牌号：_____

出厂日期：_____ 进场日期：_____

代表数量：_____ 来样日期：_____

二、试验内容

_____

_____

_____

_____

三、主要仪器设备及规格型号

_____

_____

_____

_____

四、试验记录

执行标准：_____ 试验日期：_____

送检树种			所在部位		规格	
检测项目	检测结果		检测项目	检测结果		
抗弯强度	支座跨距（mm）		顺纹抗压强度	试样含水率（%）		
	试样宽度（mm）			试样宽度（mm）		
	试样高度（mm）			试样高度（mm）		
	破坏荷载（N）			破坏荷载（N）		
	抗弯强度（MPa）			顺纹抗压强度（MPa）		
结果评定			结果评定			

续表

	检测结果		检测项目	检测结果	
顺纹抗剪强度	试样含水率（%）		顺纹抗剪强度	破坏荷载（N）	
	试样宽度（mm）			试件受剪面长度（mm）	
	试样高度（mm）			试件受剪面宽度（mm）	
	破坏荷载（N）				
	顺纹抗拉强度（MPa）			顺纹抗剪强度（MPa）	
结果评定			结果评定		

备注及问题说明：

审批（签字）：＿＿＿＿＿＿＿＿审核（签字）：＿＿＿＿＿＿＿＿试验（签字）：＿＿＿＿＿＿

检测单位（盖章）＿＿＿＿＿＿

报告日期：　　　年　　月　　日

注：本表一式四份（建设单位、施工单位、试验室、城建档案馆存档各一份）。

第十一章 建筑外门窗性能检测

第一节 建筑外窗性能检测

一、建筑外窗必试项目

建筑外窗必试项目包括抗风压性能、气密性能、水密性能、保温性能检测。

二、执行标准

《建筑外窗抗风压性能分级及检测方法》（GB/T 7106—2002）。
《建筑外窗气密性能分级及检测方法》（GB/T 7107—2002）。
《建筑外窗水密性能分级及检测方法》（GB/T 7108—2002）。
《建筑外窗保温性能分级及检测方法》（GB/T 8484—2002）。

三、建筑外窗抗风压性能检测

1. 检测装置

检测装置如图 11-1 所示。

（1）压力箱：压力箱一侧开口部位可安装试件，箱体应有足够的刚度和良好的密封性能。

（2）供压和压力控制系统：供压和压力控制系统供压和压力控制能力必须满足本条第 5 点"检测步骤"的要求。

（3）压力测量仪器：压力测量仪器测值误差不应大于 2%。

（4）位移测量仪器：位移测量仪器测值误差不应大于 0.1mm。

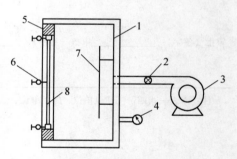

图 11-1 检测装置纵剖面示意图
1—压力箱；2—调压系统；3—供压系统；
4—压力监测仪；5—镶嵌框；6—位移计；
7—进气口挡板；8—试件

2. 试件准备

（1）试件的数量：同一窗型、规格尺寸应至少检测三樘试件。

（2）试件要求：试件应为按所提供的图样生产的合格产品或研制的试件，不得附有任何多余配件或采用特殊的组装工艺或改善措施。试件镶嵌应符合设计要求。试件必须按照设计要求组合、装配完好，并保持清洁、干燥。

（3）试件安装：试件应安装在镶嵌框上，镶嵌框应具有足够刚度。试件与镶嵌框之间的连接应牢固并密封,安装好的试件要求垂直,下框要求水平。不允许因安装而出现变形。试件安装完毕后,应将试件可开启部分开关 5 次,最后关紧。

3. 检测项目

(1) 变形检测:检测试件在逐步递增的风压作用下,测试杆件相对面法线挠度的变化,得出检测压力差 P_1。

(2) 反复加压检测:检测试件在压力差 P_2(定级检测时)或 P_2'(工程检测时)的反复作用下,是否发生损坏和功能障碍。

(3) 定级检测或工程检测:检测试件在瞬时风压作用下,抵抗损坏和功能障碍的能力。

定级检测是为了确定产品的抗风压性能分级的检测,检测压力差为 P_3。工程检测是考核实际工程的外窗是否满足工程设计要求的检测,检测压力差为 P_3'。

4. 抗风压性能分级表

采用定级检测压力差为分级指标,分级指标值 P_3 见表 11-1。

表 11-1 建筑外窗抗风压性能分级表

分级代号	1	2	3	4	5	6	7	8	×××
分级指标值 P_3(kPa)	$1.0 \leq P_3$ <1.5	$1.5 \leq P_3$ <2.0	$2.0 \leq P_3$ <2.5	$2.5 \leq P_3$ <3.0	$3.0 \leq P_3$ <3.5	$3.5 \leq P_3$ <4.0	$4.0 \leq P_3$ <4.5	$4.5 \leq P_3$ <5.0	$P_3 \geq 5.0$

注:×××表示用≥5.0kPa 的具体值,取代分级代号。

5. 检测步骤

检测顺序如图 11-2 所示:

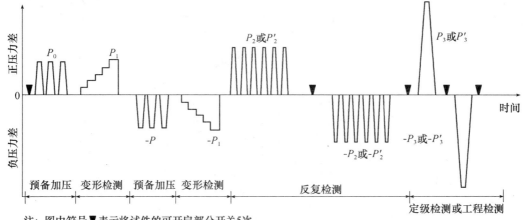

注:图中符号 ▼ 表示将试件的可开启部分开关5次。

图 11-2 检测压差顺序图

(1) 确定测点和安装位移计

将位移计安装在规定的位置上。测点位置规定为:中间测点在测试杆件中点位置,两端测点在距该杆件端点向中点 10mm 处(图 11-3)。当试件的相对挠度最大的杆件难以判定时，也可选取两根或多根测试杆件，分别布点测量，如图 11-4 所示。

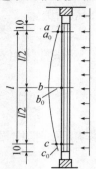

图 11-3　测试杆件测点分布图

a_0、b_0、c_0——三测点初始读数值，mm；

a、b、c——三测点在压力差作用过程中的稳定读数值，mm；

l——测试杆件两端点 a、c 之间的长度，mm

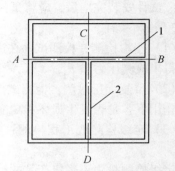

图 11-4　测试杆件分布图

1、2—测试杆件

（2）预备加压

在进行正负变形检测前，分别提供三个压力脉冲，压力差绝对值为 500Pa，加载速度约为 100Pa/s，压力稳定作用时间为 3s，泄压时间不少于 1s。

（3）变形检测

先进行正压检测，后进行负压检测。检测压力逐级升、降。每级升降压力差值不超过 250Pa，每级检测压力差稳定作用时间约为 10s。压力升降直到面法线挠度值达到 ±l/300 时为止，升降值不超过 ±2000Pa。记录每级压力差作用下的面法线位移量，并依据达到 ±l/300 面法线挠度时的检测压力级的压力值，利用压力差和变形之间的相对关系求出 ±l/300 面法线挠度的对应压力差值作为变形检测压力差值，标以 ±P_1。工程检测中，l/300 所对应的压力差已超过 P_3' 时，检测至 P_3' 为止。

杆件中点面法线挠度可按式（11-1）计算，如图 11-3 所示。

$$B = (b - b_0) - \frac{(a - a_0) + (c - c_0)}{2} \tag{11-1}$$

式中　a_0、b_0、c_0——分别为各测点在预备加压后的稳定初始读数值，mm；

a、b、c——分别为某级检测压力差作用过程中的稳定读数值，mm；

B——杆件中间测点的面法线挠度，mm。

（4）反复加压检测

检测前卸下位移计，装上安全设施。

检测压力从零升到 P_2 后降到零，$P_2 = 1.5P_1$，不超过 3000Pa，反复 5 次。再由零降至 $-P_2$ 后升至零，$-P_2 = 1.5(-P_1)$，不超过 -3000Pa，反复 5 次。加压速度为 300～500Pa/s，泄压时间不少于 1s，每次压力差作用时间为 3s。当工程设计值小于 2.5 倍 P_1 时，以 0.60 倍工程设计值进行反复加压检测。

正负反复加压后应将试件可开关部分开关 5 次，最后关紧。记录试验过程中发生损坏（指玻璃破裂、五金件损坏、窗扇掉落或被打开以及可以观察到的不可恢复的变形等现象）和功能障碍（指外窗的启闭功能发生障碍、胶条脱落等现象）的部位。

（5）定级检测或工程检测

定级检测。使检测压力从零升到 P_3 后降到零，$P_3 = 2.5P_1$。再降至 $-P_3$，后升至零，$-P_3 = 2.5（-P_1）$。加压速度为 $300 \sim 500\mathrm{Pa/s}$，泄压时间不少于 1s，持续时间为 3s。正负加压后应将试件可开关部分开关 5 次，最后关紧，并记录试验过程中发生损坏和功能障碍的部位。

工程检测。当工程设计值小于或等于 $2.5P_1$ 时，才按工程检测进行。压力加至工程设计值 P_3' 后降至零，再降至 $-P_3'$ 后升至零。加压速度为 $300 \sim 500\mathrm{Pa/s}$，泄压时间不少于 1s，持续时间为 3s。正负加压后应将试件可开关部分开关 5 次，最后关紧，并记录试验过程中发生损坏和功能障碍的部位。当工程设计值大于 $2.5P_1$ 时，以定级检测取代工程检测。

试验过程中试件出现破坏时，记录试件破坏时的压力差值。

6. 结果评定

（1）变形检测的评定

注明相对面法线挠度达到 $l/300$ 时的压力差值 $\pm P_1$。

（2）反复加压检测的评定

如果经检测，试件未出现功能障碍和损坏时，注明 $\pm P_2$ 值或 $\pm P_2'$ 值，如果经检测试件出现功能障碍或损坏时，记录出现的功能障碍、损坏情况及其发生部位，并以试件出现功能障碍或损坏时压力差值的前一级压力差值定级。工程检测时，如果出现功能障碍或损坏时的压力差值低于或等于工程设计值时，该外窗判为不满足工程设计要求。

（3）定级检测的评定

试件经检测未出现功能障碍和损坏时，注明 $\pm P_3$ 值，按 $\pm P_3$ 中绝对值较小者定级。如果经过检测，试件出现功能障碍或损坏时，记录出现的功能障碍或损坏情况及其发生部位。以试件出现功能障碍或损坏所对应的压力差值的前一级压力差值进行定级。

（4）工程检测的评定

试件经检测未出现功能障碍和损坏时，注明 $\pm P_3$ 值，按 $\pm P_3'$ 值，判为满足工程设计要求；否则判为不满足工程设计要求。如果 $2.5P_1$ 值低于工程设计要求时，便进行定级检测，给出所属级别，但不能判为满足工程设计要求。

（5）三试件综合评定

定级检测时，以三试件定级值的最小值为该组试件的定级值。工程检测时，三试件必须全部满足工程设计要求。

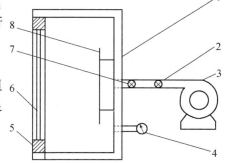

图 11-5　检测装置示意图

1—压力箱；2—调压系统；3—供压设备；
4—压力监测仪器；5—镶嵌框；6—试件；
7—流量测量装置；8—进气口挡板

四、建筑外窗气密性能检测

1. 检测装置

检测装置如图 11-5 所示。

（1）压力箱

压力箱一侧开口部位可安装试件，箱体应有足够的刚度和良好的密封性能。

（2）供压和压力控制系统

供压和压力控制系统、供压和压力控制能力必须满足本条第 5 点"检测步骤"的要求。

（3）压力测量仪器

压力测量仪器测值误差不应大于 1Pa。

（4）空气流量测量装置

当空气流量不大于测量误差 10%；当空气流量大于 3.5m³/h 时，测量误差不应大于 5%。

2．试件准备

（1）试件的数量

同一窗型、规格尺寸应至少检测三樘试件。

（2）试件要求

试件应为按所提供的图样生产的合格产品或研制的试件，不得附有任何多余配件或采用特殊的组装工艺或改善措施。试件镶嵌应符合设计要求。试件必须按照设计要求组合、装配完好，并保持清洁、干燥。

（3）试件安装

试件应安装在镶嵌框上，镶嵌框应具有足够刚度。试件与镶嵌框之间的连接应牢固并密封，安装好的试件要求垂直，下框要求水平，不允许因安装而出现变形。试件安装完毕后，应将试件可开启部分开关 5 次，最后关紧。

3．检测项目

检测试件的气密性能。以在 10Pa 压力差下的单位缝长空气渗透量或单位面积空气渗透量进行评价。

4．气密性能分级表

建筑外窗气密性能分级指标值如表 11-2 所示。

表 11-2　建筑外窗气密性能分级表

分级	1	2	3	4	5
单位缝长 分级指标值 q_1 [m³/(m·h)]	$6.0 \geqslant q_1 > 4.0$	$4.0 \geqslant q_1 > 2.5$	$2.5 \geqslant q_1 > 1.5$	$1.5 \geqslant q_1 > 0.5$	$q_1 \leqslant 0.5$
单位面积 分级指标值 q_2 [m³/(m²·h)]	$18 \geqslant q_2 > 12$	$12 \geqslant q_2 > 7.5$	$7.5 \geqslant q_2 > 4.5$	$4.5 \geqslant q_2 > 1.5$	$q_2 \leqslant 1.5$

5．检测步骤

（1）预备加压

在正负压检测前分别施加三个压力脉冲。压力差绝对值为 500Pa，加载速度约为

100Pa/s。压力稳定作用时间为 3s，泄压时间不少于 1s。待压力差回零后，将试件上各可开启部分开关 5 次，最后关紧。

（2）附加渗透量的测定

充分密封试件上的可开启缝隙和镶嵌缝隙，或用不透气的盖板将箱体开口部盖严，然后按照图 11-6 逐级加压，每级压力作用时间约为 10s，先逐级加正压，后逐级加负压。记录各级测量值。附加空气渗透量系指除通过试件本身的空气渗透量以外的通过设备和镶嵌框，以及各部分之间连接缝等部位的空气渗透量。

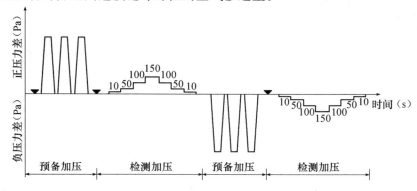

图 11-6　检测压差顺序图

注：图中符号▼表示将试件的可开启部分开关 5 次

（3）总渗透量的测定

去除试件上所加密封措施或打开密封盖板后进行检测，检测程序同上。

6. 结果评定

（1）计算

分别计算出升压和降压过程中在 100Pa 压差下的两个附加渗透量测定值的平均值 $\bar{q}_f$，两个总渗透量测定值的平均值 $\bar{q}_z$，则窗试件本身 100Pa 压差下的空气渗透量 q_t 按式（11-2）计算：

$$q_t = \bar{q}_z - \bar{q}_f \tag{11-2}$$

标准状态下渗透量 q' 按式（11-3）换算：

$$q' = \frac{293}{101.3} \times \frac{q_t \cdot P}{T} \tag{11-3}$$

式中　q'——标准状态下通过试件空气渗透量值，m^3/h；

　　　　P——试验室气压值，kPa；

　　　　T——试验室空气温度值，K；

　　　　q_t——试件渗透量测定值，m^3/h。

100Pa 作用压力差下，单位开启缝长空气渗透量 q_1' 值按式（11-4）计算：

$$q_1' = \frac{q'}{l} \tag{11-4}$$

式中　q_1'——单位开启缝长空气渗透量，$m^3/(m \cdot h)$；

l——试件开启缝长，m。

100Pa 作用压力差下，单位面积空气渗透量 q'_2 值按式（11-5）计算：

$$q'_2 = \frac{q'}{A} \qquad (11\text{-}5)$$

式中　q'_2——单位面积的空气渗透量，$m^3/(m^2 \cdot h)$；

　　　　A——试件面积，m^2。

正负压分别按式（11-2）～式（11-5）进行计算。

（2）分级指标的确定

为了保证分级指标值的准确度，采用由 100Pa 检测压力差下的测定值 $\pm q'_1$ 值或 $\pm q'_2$ 值，分别按式（11-6）和式（11-7）换算为 10Pa 检测压力差下的相应值 $\pm q_1$ 值或 $\pm q_2$ 值：

$$\pm q_1 = \frac{\pm q'_1}{4.65} \qquad (11\text{-}6)$$

$$\pm q_2 = \frac{\pm q'_2}{4.65} \qquad (11\text{-}7)$$

式中　q'_1——100Pa 作用压力差下单位缝长空气渗透量值，$m^3/(m \cdot h)$；

　　　　q_1——10Pa 作用压力差下单位缝长空气渗透量值，$m^3/(m \cdot h)$；

　　　　q'_2——100Pa 作用压力差下单位面积空气渗透量值，$m^3/(m^2 \cdot h)$；

　　　　q_2——10Pa 作用压力差下单位面积空气渗透量值，$m^3/(m^2 \cdot h)$。

将三樘试件的 $\pm q_1$ 值或 $\pm q_2$ 值分别平均后对照表 11-2 确定按照缝长和按面积各自所属等级。最后取两者中的不利级别为该组试件所属等级的正、负压测值分别定级。

五、建筑外窗水密性能检测

1. 检测装置

检测装置如图 11-7 所示。

（1）压力箱

压力箱一侧开口部位可安装试件，箱体应有足够的刚度和良好的密封性能。

（2）供压和压力控制系统

供压和压力控制系统、供压和压力控制能力必须满足本条第 5 点"检测步骤"的要求。

（3）压力测量仪器

压力测量仪器测值误差不应大于 2%。

（4）喷淋装置

必须满足在窗试件的全部面积上形成连续水膜并达到规定淋水量的要求。

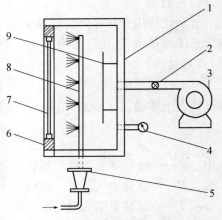

图 11-7　检测装置示意图
1—压力箱；2—调压系统；3—供压设备；
4—压力监测仪器；5—水流量计；6—镶嵌框；
7—试件；8—淋水装置；9—进气口挡板

2. 试件准备

（1）试件的数量

同一窗型、规格尺寸应至少检测三樘试件。

（2）试件要求

试件应为按所提供的图样生产的合格产品或研制的试件，不得附有任何多余配件或采用特殊的组装工艺或改善措施。试件镶嵌应符合设计要求。试件必须按照设计要求组合、装配完好，并保持清洁、干燥。

（3）试件安装

试件应安装在镶嵌框上，镶嵌框应具有足够刚度。试件与镶嵌框之间的连接应牢固并密封，安装好的试件要求垂直，下框要求水平。不允许因安装而出现变形。试件安装后，表面不可沾有油污等不洁物，同时应将试件可开启部分开关 5 次，最后关紧。

3. 检测项目

检测试件的水密性能。

4. 水密性能分级表

建筑外窗水密性能分级指标值见表 11-3。

表 11-3　建筑外窗水密性能分级表

分级	1	2	3	4	5	×××
分级指标值 ΔP（Pa）	$100 \leqslant \Delta P < 150$	$150 \leqslant \Delta P < 250$	$250 \leqslant \Delta P < 350$	$350 \leqslant \Delta P < 500$	$500 \leqslant \Delta P < 700$	$\Delta P \geqslant 700$

注：×××表示用≥700Pa 的具体值取代分级代号

5. 检测步骤

可分别采用稳定加压法和波动加压法。定级检测和工程所在地为非热带风暴和台风地区时，采用稳定加压法；工程所在地为热带风暴和台风地区时，应采用波动加压法。

（1）稳定加压法

如图 11-8 和表 11-4 顺序加压。

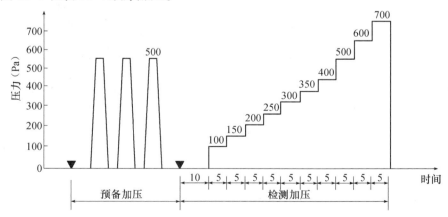

图 11-8　稳定加压顺序示意图

注：图中符号▼表示将试件的可开启部分开关 5 次

表 11-4　稳定加压顺序表

加压顺序	1	2	3	4	5	6	7	8	9	10	11
检测压力（Pa）	0	100	150	200	250	300	350	400	500	600	700
持续时间（min）	10	5	5	5	5	5	5	5	5	5	5

注：检测压力超过 700Pa 时，每级间隔仍为 100Pa。

①预备加压：施加三个压力脉冲。压力差绝对值为 500Pa，加载速度约为 100Pa/s。压力稳定作用时间为 3s，泄压时间不少于 1s。待压力差回零后，将试件上各可开启部分开关 5 次，最后关紧。

②淋水：对整个试件均匀淋水，淋水量为 2L/（m² · min）。

③加压：在稳定淋水的同时，定级检验时加压至出现严重渗漏，工程检验时加压至设计指标值。

④观察：在逐级升压及持续作用过程中，观察并参照表 11-5 记录渗漏情况。

表 11-5　记录窗的渗漏情况的符号表

渗漏情况	符号
窗内侧出现水滴	○
水珠连成线，但未渗出试件界面	□
局部少量喷溅	△
喷溅出窗试件界面	▲
水溢出窗试件界面	●

注：表中后两项为严重渗漏；稳定加压和波动加压检测结果均采用此表。

（2）波动加压法

如图 11-9 和表 11-6 顺序加压。

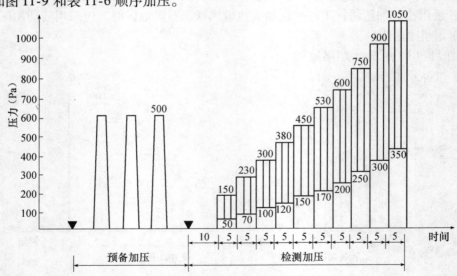

图 11-9　波动加压顺序示意图

注：图中符号 ▼ 表示将试件的可开启部分开关 5 次

表 11-6 波动加压顺序表

加压顺序		1	2	3	4	5	6	7	8	9	10	11
波动压力值（Pa）	上限值	0	150	230	300	380	450	530	600	750	900	1050
	平均值	0	100	150	200	250	300	350	400	500	600	700
	下限值	0	50	70	100	120	150	170	200	250	300	350
波动周期（s）		3~5										
每级加压时间（min）		5										

注：波动压力平均值超过 700Pa 时，每级间隔仍为 100Pa。

①预备加压：施加三个压力脉冲。压力差绝对值为 500Pa，加载速度约为 100Pa/s。压力稳定作用时间为 3s，泄压时间不少于 1s。待压力差回零后，将试件上各可开启部分开关 5 次，最后关紧。

②淋水：对整个试件均匀淋水，淋水量为 2L/（m² · min）。

③加压：在稳定淋水的同时，定级检验时加压至出现严重渗漏，工程检验时加压至平均值为设计指标值。波动周期为 3~5s。

④观察：在各级波动加压过程中，观察并参照表 11-6 记录渗漏情况，直到严重渗漏为止。

6. 结果评定

记录每个试件严重渗漏时的检测压力差值。以严重渗漏时所受压力差值的前一级检测压力差值作为该试件水密性能检测值。如果检测至委托方确认的检测值尚未渗漏，则此值为该试件的检测值。

三个试件水密性检测值综合方法为：一般取三樘检测值的算术平均值。如果三樘检测值中最高值和中间值相差两个检测压力级以上时，将最高值降至比中间值高两个检测压力级后，再进行算术平均（三个检测值中，较小的两值相等时，其中任意值可视为中间值）。

最后，以此三樘窗的综合检测值向下套级。综合检测值应大于或等于分级指标值。

六、建筑外窗保温性能检测

1. 检测装置

检测装置主要由热箱、冷箱、试件框和环境空间四部分组成，如图 11-10 所示。

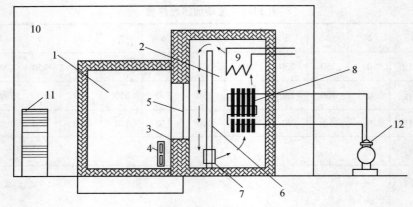

图 11-10　检测装置示意图

1—热箱；2—冷箱；3—试件框；4—电暖气；
5—试件；6—隔风板；7—风机；8—蒸发器；
9—加热器；10—环境空间；11—空调器；12—冷冻机

（1）热箱

热箱开口尺寸不宜小于 2100mm × 2400mm（宽×高），进深不宜小于 2000mm；热箱外壁构造应是热均匀体，其热阻值不得小于 $3.5m^2 \cdot K/W$；热箱内表面的总的半球发射率 ε 值应大于 0.85。

（2）冷箱

冷箱开口尺寸应与试件框外边缘尺寸相同，进深以能容纳制冷、加热及气流组织设备为宜；冷箱外壁应采用不透气的保温材料，其热阻值不得小于 $3.5m^2 \cdot K/W$；内表面应采用不吸水、耐腐蚀的材料；冷箱通过安装在冷箱内的蒸发器或引入冷空气进行降温；利用隔风板和风机进行强迫对流，形成沿试件表面自上而下的均匀气流，隔风板与试件框冷侧表面距离宜能调节；隔风板宜采用热阻不小于 $1.0m^2 \cdot K/W$ 的板材，隔风板面向试件的表面，其总的半球发射率 ε 值应大于 0.85。隔风板的宽度与冷箱内净宽度相同。蒸发器下部应设置排水孔或盛水盘。

（3）试件框

试件框外缘尺寸应不小于热箱开口部处的内缘尺寸。试件框应采用不透气、构造均匀的保温材料，其热阻值不得小于 $7.0m^2 \cdot K/W$，其密度应为 $20kg/m^3$ 左右。安装试件的洞口尺寸不应小于 1500mm × 1500mm，洞口下部应留有不小于 600mm 高的窗台。窗台及洞口周边应采用不吸水、导热系数小于 $0.25W/（m^2 \cdot K）$ 的材料。

（4）环境空间

检测装置应放在装有空调器的试验室内，保证热箱外壁内、外表面面积加权平均温差小于 1.0K。试验室空气温度波动不应大于 0.5K。试验室围护结构应有良好的保温性能和热稳定性，应避免太阳光通过窗户进入室内，试验室内表面应进行绝热处理。热箱外壁与周边壁面之间至少应留有 500mm 的空间。

178

2. 检测条件

（1）热箱空气温度设定范围为 18～20℃，温度波动幅度不应大于 0.1K；热箱空气为自然对流，其相对温度宜控制在 30% 左右。

（2）冷箱空气温度设定范围为 -21～-19℃，温度波动幅度不应大于 0.3K。《建筑热工设计分区》中的夏热冬冷地区、夏凉冬暖地区及温和地区，冷箱空气可设定为 -11～-9℃，温度波动幅度不应大于 0.2K。

（3）与试件侧表面距离应符合《建筑构件稳态热传递性质的测定标定和防护热箱法》（GB/T 13475）规定，平面内的平均风速设定为 3.0m/s。

3. 检测原理

本方法基于稳定传热原理，采用标定热箱法检测窗户保温性能。试件一侧为热箱，模拟采暖建筑冬季室内气候条件；另一侧为冷箱，模拟冬季室外气候条件。在对试件缝隙进行密封处理，试件两侧各自保持稳定的空气温度、气流速度和热辐射条件下，测量热箱中电暖气的发热量，减去通过热箱外壁和试件框的热损失（两者均由标定试验确定，见第二节一、热流系数标定）除以试件面积与两侧空气温差的乘积，即可计算出试件的传热系数 K 值。

4. 检测步骤

（1）检查热电偶是否完好。

（2）启动检测装置，设定冷、热箱和环境空气温度。

（3）当冷、热箱和环境空气温度达到设定值后，监控各控点温度，使冷、热箱和环境空气温度维持稳定。4h 之后，如果逐时测量得到热箱和冷箱的空气平均温度 t_h 和 t_c 每小时变化的绝对值分别不大于 0.1℃ 和 0.3℃，温差 $\Delta\theta_1$ 和 $\Delta\theta_2$ 每小时变化的绝对值分别不大于 0.1K 和 0.3K，且上述温度和温差的变化不是单向变化时，则表示传热过程已经稳定。

（4）传热过程稳定之后，每隔 30min 测量一次参数 t_h、t_c、$\Delta\theta_1$、$\Delta\theta_2$、$\Delta\theta_3$ 和 Q，共测 6 次。

（5）测量结束之后，记录热箱空气相对湿度和试件热侧表面及玻璃夹层结露、结霜状况。

5. 结果计算

（1）各参数取 6 次测量的平均值。

（2）试件传热系数 K 按式（11-8）计算，取两位有效数字：

$$K = \frac{Q - M_1 \cdot \Delta\theta_1 - M_2 \cdot \Delta\theta_2 - S \cdot \lambda \cdot \Delta\theta_3}{A \cdot \Delta t} \tag{11-8}$$

式中　K——试件传热系数，W/（m²·K）；

　　Q——电暖气加热功率，W；

　　M_1——由标定试验确定的热箱外壁热流系数，W/K（见本节第七条热流系数标定）；

　　M_2——由标定试验确定的试件框热流系数，W/K（见本节第七条热流系数标定）；

　　$\Delta\theta_1$——热箱外壁内、外表面面积加权平均温度之差，K（见本节第八条加权平均温度的计算）；

$\Delta\theta_2$——试件框热侧冷侧表面面积加权平均温度之差，K（见本节第八条加权平均温度的计算）；

S——填充板的面积，m^2；

λ——填充板的热导率，$W/（m^2 \cdot K）$；

$\Delta\theta_3$——填充板两表面的平均温差，K；

A——试件面积，m^2；按试件外缘尺寸计算，如试件为采光罩，其面积按采光罩水平投影面积计算；

Δt——热箱空气平均温度 t_h 与冷箱空气平均温度 t_c 之差，K。

$\Delta\theta_1$ 和 $\Delta\theta_2$ 的计算见本节第八条加权平均温度的计算。如果试件面积小于试件洞口面积时，上式中分子 $S \cdot \lambda \cdot \Delta\theta_3$ 项为聚苯乙烯泡沫塑料填充板的热损失。

6. 外窗保温性能分级表

外窗保温性能按外窗传热系数 K 值分为 10 级，分级表见表 11-7。

表 11-7　外窗保温性能分级　　　　　　　　　　W/（m²·K）

分　级	1	2	3	4	5
分级指标值	$K \geqslant 5.5$	$5.5 > K \geqslant 5.0$	$5.0 > K \geqslant 4.5$	$4.5 > K \geqslant 4.0$	$4.0 > K \geqslant 3.5$
分　级	6	7	8	9	10
分级指标值	$3.5 > K \geqslant 3.0$	$3.0 > K \geqslant 2.5$	$2.5 > K \geqslant 2.0$	$2.0 > K \geqslant 1.5$	$K < 1.5$

七、热流系数标定

1. 标定内容

热箱外壁热流系数 M_1 和试件框热流系数 M_2。

2. 标准试件

（1）标准试件应使用材质均匀、不透气、内部无空气层、热性能稳定的材料制作。宜采用经过长期存放、厚度为 50mm 左右的聚苯乙烯泡沫塑料板，其密度不应小于 $18kg/m^3$。

（2）标准试件热导率 λ ［$W/（m^2 \cdot K）$］值，应在试件与标定试验温度相近的温差条件下，采用单向防护热板仪进行测定。

3. 标定方法

（1）单层窗（包括单玻窗和双玻窗）

①标准试件安装：用与试件洞口面积相同的标准试件安装在洞口上，位置与单层窗安装位置相同。标准试件周边与洞口之间的缝隙用聚苯乙烯泡沫塑料条塞紧，并密封。在标准板两表面分别均匀布置 9 个铜-康铜热电偶。

②标定：标定试验的空气温度分别为 $-10 \pm 1℃$ 和 $-20 \pm 1℃$，在其他检测条件与窗户保温性能试验条件相近的两种不同工况下各进行一次。当传热过程达到稳定之后，每隔 30min 测量一次有关参数，共测 6 次，取各测量参数的平均值，按下面两式联解求出热流系数 M_1 和 M_2。

$$Q - M_1 \cdot \Delta\theta_1 - M_2 \cdot \Delta\theta_2 = S_b \cdot \lambda_b \cdot \Delta\theta_3 \left.\vphantom{\begin{array}{c}a\\b\end{array}}\right\} \tag{11-9}$$

$$Q' - M_1 \cdot \Delta\theta'_1 - M_2 \cdot \Delta\theta'_2 = S_b \cdot \lambda_b \cdot \Delta\theta'_3 \tag{11-10}$$

式中　Q、Q'——分别为两次标定试验的热箱电暖气加热功率，W；

$\Delta\theta_1$、$\Delta\theta'_1$——分别为两次标定试验的热箱外壁内外表面面积加权平均温差，K；

$\Delta\theta_2$、$\Delta\theta'_2$——分别为两次标定试验的试件框热侧与冷侧表面面积加权平均温差，K；

$\Delta\theta_3$、$\Delta\theta'_3$——分别为两次标定试验的标准试件两表面之间平均温差，K；

λ_b——标准试件的热导率，W/（m² · K）；

S_b——标准试件面积，m²。

Q、$\Delta\theta_1$、$\Delta\theta_2$ 为第一次标定试验测量的参数，右上角标有"'"的参数，为第二次标定试验测量的参数。$\Delta\theta_1$、$\Delta\theta_2$、$\Delta\theta_3$ 及 $\Delta\theta'_1$、$\Delta\theta'_2$、$\Delta\theta'_3$ 的计算公式见本节八"加权平均温度的计算"。

（2）双层窗

①双层窗热流系数 M_1 值与单层窗标定结果相同。

②双层窗的热流系数 M_2 应按下面方法进行标定：在试件洞口上安装两块标准试件。第一块标准试件的安装位置与单层窗标定试验的标准试件位置相同，并在标准试件两侧表面分别均匀布置 9 个铜-康铜热电偶。第二块标准试件安装在距第一块标准试件表面不小于 100mm 的位置。标准试件周边与试件洞口之间的缝隙按单层窗要求处理，并按单层窗规定的试验条件进行标定试验，将测定的参数 Q、$\Delta\theta_1$、$\Delta\theta_2$、$\Delta\theta_3$ 及标定单层窗的热流系数 M_1 值代入式（11-9），计算双层窗的热流系数 M_2。

③两次标定试验应在标准板两侧空气温差相同或相近的条件下进行，$\Delta\theta_1$ 和 $\Delta\theta'_1$ 的绝对值不应小于 4.5K，且 $|\Delta\theta_1 - \Delta\theta'_1|$ 应大于 9.0K，$\Delta\theta_2$、$\Delta\theta'_2$ 尽可能相同或相近。

④热流系数 M_1 和 M_2 应每年定期标定一次。如试验箱体构造、尺寸发生变化，必须重新标定。

⑤新建窗户保温性能检测装置，应进行热流系数 M_1 和 M_2 标定误差和窗户传热系数 K 值检测误差分析。

八、加权平均温度的计算

热箱外壁内、外表面面积加权平均温度之差 $\Delta\theta_1$ 及试件框热侧、冷侧表面面积加权平均温度之差 $\Delta\theta_2$，分别按式（11-11）～式（11-16）进行计算：

$$\Delta\theta_1 = t_{jp1} - t_{jp2} \tag{11-11}$$

$$\Delta\theta_2 = t_{jp3} - t_{jp4} \tag{11-12}$$

$$t_{jp1} = \frac{t_1 \cdot S_1 + t_2 \cdot S_2 + t_3 \cdot S_3 + t_4 \cdot S_4 + t_5 \cdot S_5}{S_1 + S_2 + S_3 + S_4 + S_5} \tag{11-13}$$

$$t_{jp2} = \frac{t_6 \cdot S_6 + t_7 \cdot S_7 + t_8 \cdot S_8 + t_9 \cdot S_9 + t_{10} \cdot S_{10}}{S_6 + S_7 + S_8 + S_9 + S_{10}} \tag{11-14}$$

$$t_{jp3} = \frac{t_{11} \cdot S_{11} + t_{12} \cdot S_{12} + t_{13} \cdot S_{13} + t_{14} \cdot S_{14}}{S_{11} + S_{12} + S_{13} + S_{14}} \tag{11-15}$$

$$t_{jp4} = \frac{t_{15} \cdot S_{11} + t_{16} \cdot S_{12} + t_{17} \cdot S_{13} + t_{18} \cdot S_{14}}{S_{11} + S_{12} + S_{13} + S_{14}}$$ (11-16)

式中 t_{jp1}、t_{jp2}——分别为热箱外壁内、外表面面积加权平均温度，℃；

t_{jp3}、t_{jp4}——分别为试件框热侧表面与冷侧表面面积加权平均温度，℃；

t_1、t_2、t_3、t_4、t_5——分别为热箱 5 个外壁的内表面平均温度，℃；

S_1、S_2、S_3、S_4、S_5——分别为热箱 5 个外壁的内表面面积，m^2；

t_6、t_7、t_8、t_9、t_{10}——分别为热箱 5 个外壁的外表面平均温度，℃；

S_6、S_7、S_8、S_9、S_{10}——分别为热箱 5 个外壁的外表面面积，m^2；

t_{11}、t_{12}、t_{13}、t_{14}——分别为试件框热侧表面平均温度，℃；

t_{15}、t_{16}、t_{17}、t_{18}——分别为试件框冷侧表面平均温度，℃；

S_{11}、S_{12}、S_{13}、S_{14}——垂直于热流方向划分的试件框面积，m^2，如图 11-11。

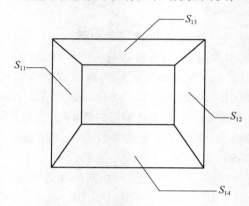

图 11-11　试件框面积划分示意图

第二节　建筑外门性能检测

一、建筑外门必试项目

建筑外门必试项目包括抗风压性能、气密性能、水密性能、保温性能检测。

二、执行标准

《建筑外门的风压变形性能分级及其检测方法》（GB/T 13685—1992）。
《建筑外门的空气渗透性能和雨水渗漏性能分级及其检测方法》（GB/T 13686—1992）。
《建筑外门保温性能分级及检测方法》（GB/T 16729—1997）。

三、建筑外门的风压性能检测

1. 检测装置
检测装置如图 11-12 所示。

2. 试件准备

（1）试件的数量

同一类型规格的外门应采用随机抽样的方法任取三樘试件。如果是专门制作的送检样品，必须在检测报告中加以说明。

（2）试件要求

试件应为生产厂家检验合格准备出厂的产品，不得加设任何附件或采用其他改善措施。试件镶嵌应符合设计要求。试件的镶嵌、装修和油饰应符合设计要求。

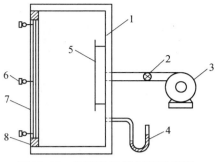

图 11-12 检测装置纵剖面示意图
1－静压箱；2－调压器；3－供压系统；
4－压力计；5－镶嵌框；6－位移计；
7－进气口挡板；8－试件

（3）试件安装

试件应安装在具有足够刚度的检测装置的试件安装口或镶嵌框上。试件与检测装置的试件安装口或镶嵌框之间的连接方式应尽可能与实际安装要求相一致。安装好的试件要求垂直，上、下框要求水平，不允许因安装而出现变形。试件安装完毕后，应将试件可开启部分开关 5 次，最后关紧。

3. 检测项目

变形检测、反复受荷检测和安全检测。

4. 风压变形性能分级

（1）分级指标值

以安全检测压力差 P_3 值作为风压变形性能的分级指标值。在该压力差作用后，试件能保持正常使用功能，并且无损坏现象。

（2）分级下限值

建筑外门风压变形性能的分级下限值 ΔP 见表 11-8：

表 11-8 建筑外门风压变形性能的分级下限值

等 级	I	II	III	IV	V	VI
ΔP（Pa）≥	3500	3000	2500	2000	1500	1000

5. 检测步骤

（1）变形检测

①布测点：将测量试件主要受力杆件各测点面法线位移量的仪器安装在规定的位置上。一般外门的测点位置规定为：中间测点在主要受力杆件的中点；两端测点在距杆件端点向中点方向 10mm 处，如图 11-13 所示。

当试件的主要受力杆件难以判断时，也可选取两根或两根以上主要受力杆件分别布点进行测量，如图 11-14 所示。

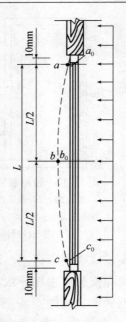

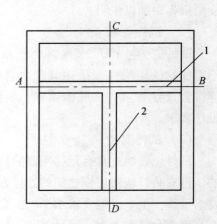

图 11-13　测试杆件测点分布图

a_0、b_0、c_0—三测点初始读数值（mm）；

a、b、c—三测点在压力差作用过程中的稳定读数值（mm）；

L—测试杆件两端点 a、c 之间的长度（mm）

图 11-14　主要受力杆件选取图

1、2—主要受力杆件

单扇平开门的测点位置规定为：E 点在门扇上部自由角，距门框 10mm 处，F 点在门扇上锁位置的外侧，距门框 10mm 处，如图 11-15 所示。

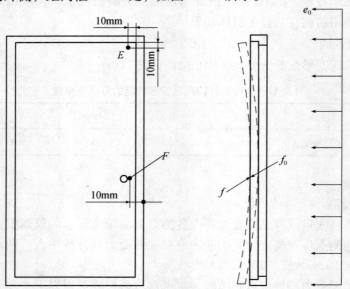

图 11-15　单扇平开门的测点位置

e_0、f_0—测点初始读数值（mm）；

e、f—测点在压力差作用过程中的稳定读数值（mm）

②加压检测：在进行正负变形检测前，分别提供三个压力脉冲，压力差的绝对值至少为 500Pa，升降过程不得少于 1s，不得超过 10s，压力作用持续时间不得少于 3s。加压顺序如图 11-16 所示。

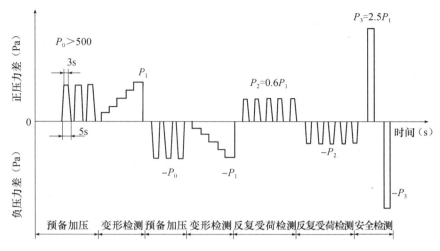

图 11-16　检测压差顺序图

一般建筑外门先进行正压变形检测，后进行负压变形检测，检测压力分级升降，每级升降压力差值不超过 250Pa，每级压力差持续时间不少于 10s。压力升降直到面法线挠度值达到 $\frac{L}{300}$ 左右时为止（L 为主要受力杆件的长度）。记录每级压力差作用下的面法线位移量，并利用上述压差和变形之间的近似线性关系，求出达到 $L/300$ 面法线挠度时的压差的确切值，作为变形检测压力差值 P_1。

（2）反复受荷检测

检测压力差值从零升到 P_2 后降至零。反复 5 次。然后再由零降至 $-P_2$ 后升至零，反复 5 次。每次升降时间不少于 1s，不得超 10s，每级压力差作用时间不少于 3s。

（3）安全检测

使检测压力尽快升至 P_3 后降至零，再降至 $-P_3$ 后升至零。升压和降压的时间都不得少于 1s，不得大于 10s，持续时间不少于 3s，最后将试件可开关部分开关 5 次，并记录有无使用功能障碍和损坏现象。

6. 结果评定

变形检测中，主要受力杆件中间点的面法线挠度值按式（11-17）计算：

$$B = (b - b_0) - \frac{(a - a_0) + (c - c_0)}{2} \tag{11-17}$$

式中　a_0、b_0、c_0——分别为各测点在预备加压后的稳定初始读数值，mm；

　　　a、b、c——分别为某级检测压力差作用过程中的稳定读数值，mm；

　　　B——主要受力杆件中间测点的面法线挠度，mm。

185

四、建筑外门的空气渗透性能和雨水渗漏性能检测

1. 检测装置

检测装置应能检测外门的空气渗透性能和雨水渗漏性能，如图 11-17 所示。

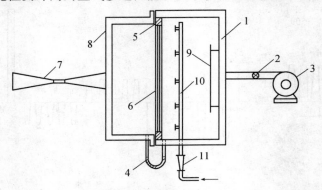

图 11-17　门的检测装置纵剖面示意图

1—静压箱；2—调压阀；3—供压装置；
4—压力计；5—镶嵌框；6—试件；7—集流管；
8—扣箱；9—进气口挡板；10—淋水装置；11—水流量计

2. 试件准备

（1）试件的数量

同一类型规格的外门应采用随机抽样的方法任取三樘试件。如果是专门制作的送检样品，必须在检测报告中加以说明。

（2）试件要求

试件应为生产厂家检验合格准备出厂的产品，不得加设任何附件或采用其他改善措施。

（3）试件安装

试件应安装在具有足够刚度的检测装置的试件安装口或镶嵌框上。试件与检测装置的试件安装口或镶嵌框之间的连接方式应尽可能与实际安装要求相一致。安装好的试件要求垂直，上、下框要求水平，不允许因安装而出现变形。试件表面不可沾有油污等不洁物。试件安装完毕后，应将试件可开启部分开关 5 次，最后关紧。

3. 检测项目

建筑外门的空气渗透性能和雨水渗漏性能。

4. 空气渗透性能和分级

（1）空气渗透性能分级指标

采用压力差为 10Pa 时，单位缝长的空气渗透量 q_o 值作为分级指标值。单位面积的空气渗透量 q_{ao} 值作为参考指标。

（2）雨水渗漏性能的分级指标

采用试验中保持雨水不渗漏的最大压力差值，即出现严重渗漏时压力差值的前一级

压力差值作为分级指标。

（3）分级下限值

建筑外门空气渗透性能分级下限值见表11-9：

表 11-9　建筑外门空气渗透性能分级下限值

等　级	I	II	III	IV	V
单位缝长 空气渗透量 q_o（$\text{m}^3/\text{m} \cdot \text{h}$）$\leqslant$	0.5	1.5	2.5	4.0	6.0
单位面积 空气渗透量 q_{ao}（$\text{m}^3/\text{m}^2 \cdot \text{h}$）$\leqslant$	2	4	7	11	16

注：对于平开门（900mm×2100mm）和推拉门（1800mm×2100mm）两种分级指标所定级别基本一致。如两者相矛盾时，以前者为准。

建筑外门雨水渗漏性能的分级下限值 ΔP 见表11-10：

表 11-10　建筑外门雨水渗漏性能的分级下限值

等　级	I	II	III	IV	V	VI
雨水渗漏 压力差 ΔP（Pa）$\geqslant$	500	350	250	150	100	50

5. 检测步骤与结果评定

（1）建筑外门空气渗透性能检测

试件安装在检测装置的试件安装口上后，开动风机如图11-18和表11-11所示的检测压差顺序，向静压箱内加压。

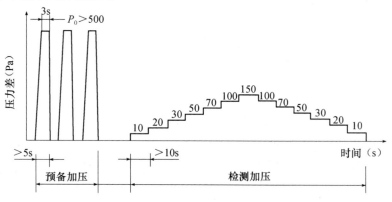

图 11-18　检测压差顺序图

①预备加压

先施加三个压力脉冲，试件两侧压力差至少为500Pa。升压过程不得少于1s，不得超过10s，压力持续时间不得少于3s。

②附加渗透量测定

将试件的开启缝隙密封起来。如采用干法镶嵌玻璃的镶嵌缝亦应密封。然后按表11-11所示的检测压力差逐级加压，每级压力作用时间不得少于10s。记录各级压力差作用下通过试件的空气量q_f（m^3/h）。

注：如能将附加渗透量控制在极小范围内时，可不用每次测量。

③总渗透量测定

去除试验中所加的密封措施后，再按表11-11所示的检测压力差逐级加压，加压时间和空气量测定方法同上。

表11-11　加压顺序（空气渗透性能的检测）

加压顺序	1	2	3	4	5	6	7	8	9	10	11	12	13
检测压力差（Pa）	10	20	30	50	70	100	150	100	70	50	30	20	10

④结果评定

分别计算出每级检测压力差在升降压过程中两个附加渗透量测定值的平均值$\bar{q}_f$（m^3/h）和总渗透量两个测定值的平均值$\bar{q}_z$（m^3/h），则门试件本身在各级压力差下的空气渗透量q_t（m^3/h）按式（11-18）计算：

$$q_t = \bar{q}_z - \bar{q}_f \qquad (11\text{-}18)$$

标准状态下渗透量q按式（11-19）换算：

$$q = \frac{293}{101.3} \times \frac{q_t \times P}{T} \qquad (11\text{-}19)$$

式中　q——标准状态下试件的空气渗透量值，m^3/h；

　　　P——检测室气压值，kPa；

　　　T——检测室空气温度值，K；

　　　q_t——试件空气渗透量测定值，m^3/h。

100Pa作用压力差下，单位开启缝长空气渗透量q_o值按式（11-20）计算：

$$q_o = \frac{q}{l} \qquad (11\text{-}20)$$

式中　q_o——单位开启缝长空气渗透量，$m^3/(m \cdot h)$；

　　　l——试件开启缝长，m。

100Pa作用压力差下，单位面积空气渗透量q_{ao}值按式（11-21）计算：

$$q_{ao} = \frac{q}{A} \qquad (11\text{-}21)$$

式中　q_{ao}——单位面积的空气渗透量，$m^3/(m^2 \cdot h)$；

　　　A——试件面积，m^2。

　　分级指标的确定。为了保证分级指标值的准确度，采用由 100Pa 检测压力差下的测定值 q'_o 值或 q'_{ao} 值，分别按式（11-22）或式（11-23）换算为 10Pa 检测压力差下的相应值 q_o（$m^3/m \cdot h$）值或 q_{ao}（$m^3/m^2 \cdot h$）值：

$$q_o = \frac{q'_o}{4.65} \tag{11-22}$$

$$q_{ao} = \frac{q'_{ao}}{4.65} \tag{11-23}$$

式中　q'_o——100Pa 作用压力差下单位缝长空气渗透量值，$m^3/(m \cdot h)$；

　　　q_o——10Pa 作用压力差下单位缝长空气渗透量值，$m^3/(m \cdot h)$；

　　　q'_{ao}——100Pa 作用压力差下单位面积空气渗透量值，$m^3/(m^2 \cdot h)$；

　　　q_{ao}——10Pa 作用压力差下单位面积空气渗透量值，$m^3/(m^2 \cdot h)$；

　　分级指标为三樘试件的 q_o 值或 q_{ao} 值的平均值。然后对照表 11-9 确定按照缝长和按面积各自所属等级。其他压力差时的测值除了作为定级值的参考值外，还可用作计算空气渗透负荷。

　　（2）建筑外门雨水渗漏性能检测

　　①稳定加压法

　　按图 11-19 和表 11-12 的顺序加压。

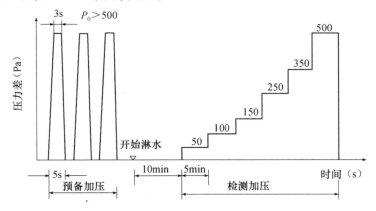

图 11-19　稳定加压顺序图

表 11-12　顺序加压（雨水渗透性能检测）

加压顺序	1	2	3	4	5	6	7
检测压力差（Pa）	0	50	100	150	250	350	500
持续时间（min）	10	5	5	5	5	5	5

　　预备加压：预备加压的方法同空气渗透性能检测。若在空气渗透性能检测后紧接着检测雨水渗漏性能时，可省略预备加压。

　　淋水：预备加压后对整个试件均匀地淋水，直至检测完毕。淋水量为 2L/（$m^2 \cdot min$）。水温应在 8~25℃ 范围内。

观察：在逐级升压及持续作用过程中，观察并记录雨水渗漏状况，直至可判断为失去水密功能为止。代表各种渗漏状况的符号见表11-13。

表11-13　代表门的各种渗漏状况的符号

渗漏情况	符　号
门内侧出现水	○
水珠连成线，但未渗出试件界面	◑
局部少量喷溅	△
喷溅出门试件界面	▲
水溢出门试件界面	⊖

注：表中后两项为严重渗漏；判断为失去阻止雨水渗漏性能。

②波动加压法

按图11-20和表11-12的顺序加压，预备加压、淋水及观察方法同上。

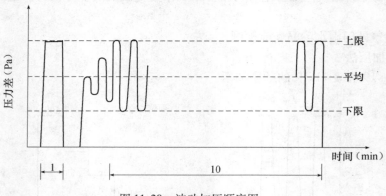

图11-20　波动加压顺序图

③结果评定

记录逐级压力差下的雨水渗漏情况，直至试件出现严重渗漏时的检测压力差。利用表11-12中的符号标明试件各部分的渗漏状况。

以试件出现渗漏时所承受的压力差值作为雨水渗漏性能的判断基础。以该压力差的前一级压力差值作为试件雨水渗漏性能的分级指标值。

五、建筑外门保温性能检测

1. 检测装置

检测装置由热室、冷室、试件框和外环境空间组成，如图11-21所示。

（1）热室

热室开口尺寸2700mm×2400mm（宽×高），进深2000mm；热室外壁材质应是均匀体，其热阻值不得小于$1.0m^2 \cdot K/W$；热室外壁内外表面黑度ε值应大于0.85。热室采用与普通散热器相似的电暖气加热，通过调节稳压电源输出电压控制热室空气温度。电暖气设置在距试件框热侧表面1.7~1.8m处。

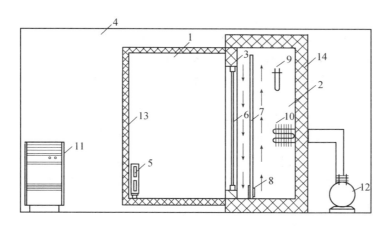

图 11-21　检测装置

1—热室；2—冷室；3—试件框；4—外环境空间；5—电暖气；

6—试件；7—隔风板；8—轴流风机；9—电加热器；10—蒸发器；

11—空调器；12—压缩冷冻机组；13—热室外壁；14—冷室外壁

（2）冷室

冷室开口尺寸应与试件框外边缘尺寸相同，进深以能容纳制冷、加热及气流循环装置为宜；冷室外壁热阻值不得小于 $2.0m^2 \cdot K/W$；冷室可采用设在冷室内的蒸发器或引入冷气降温，通过调节冷室中的加热电压控制室温达到设定要求；在冷室内可安装一个可以移动的隔风板。在其下部安装三个或三个以上的轴流风机，使冷室空气沿试件表面自上而下流动。面向试件的隔风板黑度 ε 值应大于 0.85。在蒸发器的下部应设置排水孔和接水盘，冷室外壁宜设置一个密闭小门，以利于检修人员出入和排出湿气。

（3）试件框

试件框外缘尺寸应不小于热箱开口部处的内缘尺寸，厚度 300mm 左右为宜。试件框应采用材质均匀的保温材料，其热阻值不得小于 $2.0m^2 \cdot K/W$。安装试件的洞口尺寸为 $2420mm \times 1200mm$，必要时可根据试件尺寸改变。洞口周边宜采用导热系数小于 $0.25W/(m^2 \cdot K)$ 的材料。试件框表面黑度 ε 值应大于 0.85。

（4）外环境空间

检测装置应放在装有空调器的试验室内，保证热箱外壁内、外表面之间平均温差小于 $0.2K$。试验室外围护结构应有良好的热稳定性，内表面宜用高效保温材料内贴，有利于夏季试验降温。试验室外墙不宜开窗，避免阳光直射入内。热室外壁与试验室墙面、顶板和地板之间至少留有 200mm 的空间，有利于空气流通。

2. 检测项目

传热系数 K 值。

3. 检测条件

（1）热室空气温度设定范围为 $18 \pm 0.5℃$，温度波动幅度不应大于 $0.1℃$；热室空气为自然对流,其相对湿度不控制。

(2)冷室空气温度设定。检测不保温门时为 −10±0.5℃,检测保温门时为 −20±0.5℃,冷室空气温度波动幅度不应大于 0.5℃。

(3)外环境空气温度控制与热室空气温度相近或相等,热室外壁内外表面之间平均温差不大于 0.2K。

(4)试件冷侧表面附近平均风速约为 3.0m/s。

(5)试件安装。试件包括门框和门扇,应安装在试件框洞口内,试件冷侧表面距试件框冷侧表面距离为 50mm。试件周边框与洞口之间缝隙,应采用一定弹性和强度的高效保温材料,先用半硬质聚苯乙烯泡沫塑料填塞,再用胶布贴缝密封。试件开启缝应采用胶布粘贴密封。

4. 检测原理

标定热室法,见本节第六条标定试验。传热系数 K 测量误差的规定和阳台门传热系数 K 的取值依次见本节第七条传热系数 K 测量误差的规定和第八条阳台门传热系数 K 的取值方法。

5. 保温性能分级

分级指标。采用传热系数 K 值作为建筑外门保温性能分级指标,如表 11-14 示。

表 11-14　建筑外门保温性能分级

等　级	传热系数 K [W/(m²·K)]
I	≤1.50
II	>1.50,≤2.50
III	>2.50,≤3.60
IV	>3.60,≤4.80
V	>4.80,≤6.20

6. 检测步骤

(1)参数测量

电暖气加热功率 Q 按式(11-24)计算:

$$Q = IV \qquad (11\text{-}24)$$

式中　Q——电暖气加热功率,W;

I——通过电暖气加热丝的电流,A;

V——加在电暖气加热丝两端的电压,V。

电暖气的加热电流和电压分别用不低于 0.5 级的交流电流表和电压表测量。

①温度

采用直径不大于 0.4mm 的铜-康铜热电偶作感温元件测量温度,测量准确度不应低于 ±0.1℃。

192

②空气温度

热室空气测点，在热室空间内均匀布置 15 点，测点距热室外壁内表面最近距离为 500mm 左右为宜。冷室空气测点，在试件框洞口对应处，距试件框冷侧表面 150mm 左右的平面内均匀布置 9 点，布点位置不随洞口尺寸改变而变化。所有测量空气温度的热电偶测头应套上防辐射热屏蔽罩。

③表面温度

热室每个外壁内外表面温度测点应对应布置，不应少于 5 点。试件框冷、热表面温度测点应对应布置，不应少于 8 点。测量表面温度的热电偶头应连同至少 100mm 长的引线紧贴在被测物表面上。粘贴材料与被测物表面的黑度 ε 值应相近。

④热电偶并联

热室和冷室各自的空气温度测点，热室外壁各个内外表面和试件框冷、热表面温度测点的热电偶可分别并联，测量各自的平均温度。并联时，各个热电偶回路（包括热电偶引线）的电阻必须相等。

（2）测量程序

启动检测装置，设定冷、热箱和环境空气温度。

当冷热室空气温度达到规定要求，并且电暖气加热功率稳定不变，4h 之后，开始测量各个参数，随时测得的热室空气温度 t_h 和热室外壁内、外表面之间的平均温差 $\Delta\theta_1$ 每小时变化不大于 0.2K，冷室空气温度 t_c 每小时变化不大于 0.5K，当这些变化不是单向变化时，可视传热过程已进入稳定状态。

传热过程进入稳定状态后，每隔一小时测量一次参数 t_h、t_c、$\Delta\theta_1$、$\Delta\theta_2$ 和 Q。这些参数是根据冷室空气温度波动出现最高和最低两个时刻测量的平均值。

7. 结果计算

（1）各参数取四次测量结果的平均值。

（2）试件传热系数 K 按式（11-25）计算，取两位有效数字：

$$K = \frac{Q - m_1 \cdot \Delta\theta_1 - m_2 \cdot \Delta\theta_2}{A \cdot \Delta t} \qquad (11\text{-}25)$$

式中　K——试件传热系数，W/（m²·K）；

　　　Q——电暖气加热量，W；

　　m_1——热室外壁热流系数，W/K；

　　m_2——试件框热流系数，W/K；

　$\Delta\theta_1$——热室外壁内、外表面之间平均温差，K；

　$\Delta\theta_2$——试件框热侧表面与冷侧表面之间平均温差，K；

　　　A——试件面积，按试件外缘尺寸计算，m²；

　　Δt——热室空气平均温度 t_h 与冷室空气平均温度 t_c 之差，K。

当试件面积小于试件洞口面积时，应采用与试件厚度相近的标准板（如半硬质聚苯乙烯泡沫塑料板）封堵空隙。

（3）试件传热系数 K 按式（11-26）计算，取三位有效数字：

$$K = \frac{Q - m_1 \cdot \Delta\theta_1 - m_2 \cdot \Delta\theta_2 - S \cdot G \cdot \Delta\theta_3}{A \cdot \Delta t} \tag{11-26}$$

式中　S——标准板面积，m^2；

　　　G——标准板热导率，$W/(m^2 \cdot K)$；

　　$\Delta\theta_3$——标准板热侧与冷侧两表面的平均温差，K；

其余符号同式（11-25）。传热系数 K 的测量相对误差不应大于5%。

六、标定试验

1. 标定目的

通过标定试验确定热室外壁和试件框的热流系数 m_1 和 m_2。

2. 标定方法

用已知热导的标准试件安装在门试件的位置，在与试验条件相近的情况下进行两次试验。根据两次标定试验测定的参数，由式（11-27）、式（11-28）联解系数 m_1 和 m_2。

$$\left. \begin{array}{l} Q - m_1 \cdot \Delta\theta_1 - m_2 \cdot \Delta\theta_2 = S \cdot G \cdot \Delta\theta_4 \\ Q' - m_1 \cdot \Delta\theta'_1 - m_2 \cdot \Delta\theta'_2 = S \cdot G \cdot \Delta\theta'_4 \end{array} \right\} \qquad \begin{array}{l} (11\text{-}27) \\ (11\text{-}28) \end{array}$$

式中　S——标准试件面积，m^2；

　　　G——标准试件热导率，$W/(m^2 \cdot K)$；

Q、Q'、$\Delta\theta_1$、$\Delta\theta'_1$、$\Delta\theta_2$、$\Delta\theta'_2$、$\Delta\theta_4$、$\Delta\theta'_4$ 分别为两次标定试验测量的电暖气加热量，W；热室外壁内外表面之间的平均温差，K；试件框热侧表面与冷侧表面之间的平均温差，K；标准试件两表面之间的平均温差，K。

上式有解的条件为式（11-29）：

$$\begin{vmatrix} \Delta\theta_1 & \Delta\theta_2 \\ \Delta\theta'_1 & \Delta\theta'_2 \end{vmatrix} \neq 0 \tag{11-29}$$

3. 标定试验条件

两次标定试验应在标准试件两侧温差相等或相近的条件下进行。为了提高标定精度，应做到 $|\Delta\theta_1|$ 不小于3K，$|\Delta\theta'_1|$ 不小于3K，$\Delta\theta_1 - \theta\theta'_1$ 不小于6K。

4. 标准试件

标准试件应采用材质均匀，不透气，内部无空气层，热性能稳定的材料。可用50mm 厚的经过长期存放的半硬质聚苯乙烯泡沫塑料板为标准试件。标准试件的热导率 G 值应在与标定试验相近的温度条件下通过试验测定。

5. 标定时间

标定试验应定期进行，一年一次。如果热室外壁和试件框的材料、构造及尺寸改变时，应重新标定。

6. 标定试验测量误差

根据标定试验测定的参数，按式（11-27）和式（11-28）计算热流系数 m_1 和 m_2，并对热流系数进行测量误差分析，其结果见表 11-15：

表 11-15　热流系数进行测量误差

热流系数（W/K）		标准差 σ_m（W/K）	相对误差 r_m（%）
m_1	21.85	0.918	4.2
m_2	0.987	0.071	7.2

七、传热系数 K 测量误差的规定

根据热流系数测量误差（$r_{m_1}=4.2\%$，$r_{m_2}=7.2\%$）对具有代表性的三种不同传热系数的门进行测量误差分析。三种门的有关参数见表 11-16。

表 11-16　门的有关参数值

名　称	面积 A（m^2）	温差（K）				电流 I（A）	电压 V（V）	电暖气加热量 Q（W）	标准板		门的传热系数 K［W/（$m^2\cdot K$）］
		$\Delta\theta_1$	$\Delta\theta_2$	$\Delta\theta_3$	$\Delta\theta t$				面积 S（m^2）	热导率 G［W/（$m^2\cdot K$）］	
铝合金单玻门[1]	1.89	0.1	28.4	26.5	28.8	2.075	177	367.275	1.224	0.719	5.76
木阳台门[2]	1.64	0	28.1	26.0	28.4	1.602	136	219.940	1.476	0.719	3.50
轻体板门	1.76	0.1	38.6	35.1	39.2	1.443	122	175.980	1.354	0.719	1.47

注：1. 铝合金单玻门玻璃面积与整个门面积之比为 0.60。

2. 木阳台门玻璃面积与整个门面积之比 0.32。

对式（11-26）求传热系数 K 对各个参数的偏导数和标准差，代入式（11-30）求传热系数 K 的标准差 σ_k；

$$\sigma_k = \sqrt{\begin{aligned}&\left(\frac{\partial K}{\partial Q}\right)^2\sigma_Q^2 + \left(\frac{\partial K}{\partial m_1}\right)^2\sigma_{m_1}^2 + \left(\frac{\partial K}{\partial\Delta\theta_1}\right)^2\sigma_{\Delta\theta_1}^2 + \left(\frac{\partial K}{\partial m_2}\right)^2\sigma_{m_2}^2 + \left(\frac{\partial K}{\partial\Delta\theta_2}\right)^2\sigma_{\Delta\theta_2}^2 \\ &+ \left(\frac{\partial K}{\partial S}\right)^2\sigma_S^2 + \left(\frac{\partial K}{\partial G}\right)^2\sigma_G^2 + \left(\frac{\partial K}{\partial\Delta\theta_3}\right)^2\sigma_{\Delta\theta_3}^2 + \left(\frac{\partial K}{\partial A}\right)^2\sigma_A^2 + \left(\frac{\partial K}{\partial\Delta t}\right)^2\sigma_{\Delta t}^2\end{aligned}} \quad (11\text{-}30)$$

门的传热系数 K 的测量相对误差 r_k 是随 K 值的减小而增大。就是说随着门的保温性能提高，传热系数 K 的测量相对误差相应增大。根据上面分析，本小节规定传热系数 K 的最大测量误差≤5%。

三种门的传热系数 K 的测量误差计算结果见表 11-17。

表 11-17　传热系数 K 的测量误差

名　称	传热系数 K［W/（$m^2\cdot K$）］	标准差 σ_k［W/（$m^2\cdot K$）］	相对误差 r_k（%）
铝合金单玻门	5.76	0.064	1.1
木阳台门	3.50	0.106	2.3
轻体板门	1.47	0.060	4.1

八、阳台门传热系数 *K* 的取值方法

按照《民用建筑节能设计标准》JGJ 26—95 规定，阳台门上部透明部分和下部门肚部分热损失应分别计算。透明部分传热系数按有关窗户传热系数取值。测试值是否满足《民用建筑节能设计标准》要求，可用下面方法判断：按《民用建筑节能设计标准》要求，取阳台门上部透明部分传热系数 K_G 和下部门肚部分传热系数 K_B 及被测阳台门上、下部分的面积，用面积加权平均方法，按式（11-31）计算被测阳台门传热系数 K'：

$$K' = K_G \cdot \eta + K_B(1 - \eta) \tag{11-31}$$

式中　η——阳台门上部透明部分面积与整个阳台门面积之比；

K_G——阳台门上部透明部分传热系数，W/ $(m^2 \cdot K)$；

K_B——下部门肚部分传热系数，W/ $(m^2 \cdot K)$；

K'——被测阳台门传热系数，W/ $(m^2 \cdot K)$。

建筑外门窗实训报告

送检试样：_____　　委托编号：_____

委托单位：_____　　试验委托人：_____

工程名称：_____

一、试验内容

_____

_____

_____

_____

二、主要仪器设备及规格型号

_____

_____

_____

_____

三、试验记录

试验日期：_____

执行标准：_____

（一）建筑外窗性能检测

1. 建筑外窗风压性能检测

试件品种		系　列		型　号	
型材截面		玻璃品种厚度		规　格	
试件立面剖面简图				玻璃镶嵌方法	
				密封材料密封方式	
				五金配件配置	

压力差和挠度关系曲线图

定　级　检　测				工　程　检　测			
P_1	P_2	P_3	结果评定	P_1'	P_2'	P_3'	结果评定

2. 建筑外窗气密性能检测

试件品种		系　列		型　号	
规　格		玻璃品种厚度		玻璃镶嵌方法	
试件立面和剖面、型材和镶嵌条截面简图				有无密封条	
				密封条材质	
				填缝材料材质	
				五金配件配置	

单位缝长空气渗透量					单位面积空气渗透量					综合后所属级别
空气渗透量		正负压值		正负压所属级别	空气渗透量		正负压值		正负压所属级别	
单个试件值	平均值	单个试件值	正负压平均值		单个试件值	平均值	单个试件值	正负压平均值		

3. 建筑外窗水密性能检测

试件品种		系　列		型　号	
规　格		玻璃品种厚度		玻璃镶嵌方法	
试件立面和剖面、型材和镶嵌条截面简图				有无密封条	
				密封条材质	
				填缝材料材质	
				五金配件配置	

稳定加压或波动加压		
单个试件值	平均值	所属等级

4. 建筑外窗保温性能检测

委托和生产单位		试件名称		编　号		规　格	
玻璃品种		玻璃及双玻空气层厚度		窗框面积与窗面积之比		检测依据	
检测设备		检测项目		检测类别		检测时间	
热箱空气温度		空气相对湿度		冷箱空气温度		气流速度	

检测结果				
试件传热系数		保温性能等级		试件热侧表面温度、结露和结霜情况
单个试件值	平均值			

（二）建筑外门性能检测

1. 建筑外门风压性能检测

执行标准：_____　试验日期：_____

试件来源		编　号		试件品种	
型　号		规　格		玻璃品种厚度	
玻璃镶嵌方法与最大尺寸		密封材料名称、牌号和材质		附件名称、牌号、材质及功能质量	
试件立面剖面简图					
检测结果			结果评定		
单个试件值	平均值				

2. 建筑外门空气渗透和雨水渗漏性能检测

试件来源		编　号		试件品种	
型　号		规　格		玻璃品种厚度	
玻璃镶嵌方法与最大尺寸		密封材料名称、牌号和材质		附件名称、牌号、材质及功能质量	
试件立面剖面简图				检测室温度和气压	
检测结果			结果评定		
单个试件值	平均值				

3. 建筑外门保温性能检测

委托单位		试件名称		编　号		规格型号	
鉴定类别		检测标准		检测设备		检测日期	
热室空气温度		空气相对湿度		冷室空气温度		气流速度	
检测结果							
传热系数		保温性能等级		试件热侧表面温度、结露和结霜情况			
单个试件值	平均值						

备注及问题说明：

审批（签字）＿＿＿＿＿＿＿＿＿ 审核（签字）＿＿＿＿＿＿＿＿＿ 试验（签字）＿＿＿＿＿＿＿＿＿

检测单位（盖章）＿＿＿＿＿＿＿＿

报告日期： 年 月 日

注：本表一式四份（建设单位、施工单位、试验室、城建档案馆存档各一份）。

参考文献

［1］黄家俊．建筑材料与检测技术，第二版［M］．武汉：武汉理工大学出版社，2004．

［2］北京土木建筑学会．建筑材料试验手册［M］．北京：冶金工业出版社，2006．

［3］安娜，宋岩丽，王社欣．建筑材料检测实训指导书与习题集［M］．北京：人民交通出版社，2007．

［4］宋岩丽，王社欣，周仲景．建筑材料与检测［M］．北京：人民交通出版社，2007．

［5］何平，严国云．材料检测［M］．北京：高等教育出版社，2005．

［6］高琼英．建筑材料，第三版［M］．武汉：武汉理工大学出版社，2006．

［7］王春阳．建筑材料［M］．北京：高等教育出版社，2002．

［8］王秀花．建筑材料［M］．北京：机械工业出版社，2004．

［9］苏达根．土木工程材料［M］．北京：高等教育出版社，2003．